基因论

THE THEORY OF THE GENE

[美] 托马斯·亨特·摩尔根 著
刘守旭 译

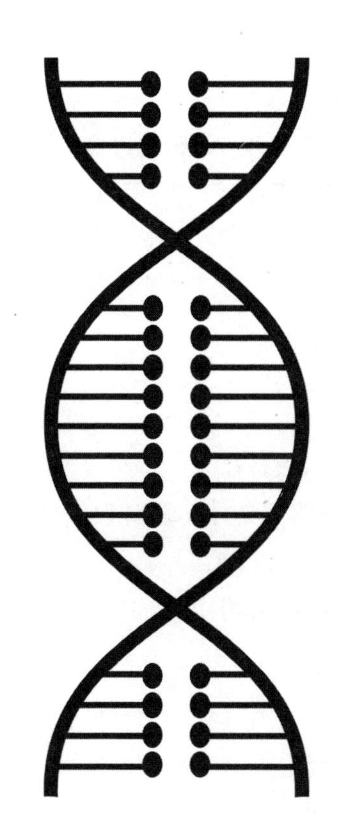

陕西师範大學出版总社

图书代号　SK24N0107

图书在版编目（CIP）数据

基因论 /（美）托马斯·亨特·摩尔根著；刘守旭译．—西安：陕西师范大学出版总社有限公司，2024.4

ISBN 978-7-5695-3431-3

Ⅰ.①基…　Ⅱ.①托…　②刘…　Ⅲ.①基因－理论
Ⅳ.①Q343.1

中国国家版本馆CIP数据核字（2023）第006047号

基因论

JIYIN LUN

［美］托马斯·亨特·摩尔根　著　刘守旭　译

出 版 人　刘东风
特约编辑　白　琪
责任编辑　高　歌
责任校对　陈柳冬雪
封面设计　王　鑫
出版发行　陕西师范大学出版总社
（西安市长安南路199号　邮编710062）
网　　址　http://www.snupg.com
印　　刷　小森印刷霸州有限公司
开　　本　787 mm×1092 mm　1/16
印　　张　14
字　　数　196千
版　　次　2024年4月第1版
印　　次　2024年4月第1次印刷
书　　号　ISBN 978-7-5695-3431-3
定　　价　69.00元

目　录

第一章
遗传学基本原理

现代遗传理论是基于具有一种或多种不同性状的两个个体杂交得出的数据推演出的。该理论主要研究个体间呈现出来的遗传单位代际分布情况。正如化学家假定存在看不见的原子、物理学家假定存在看不见的电子一样，遗传学者也假定存在看不见的基本元素，并将其称为基因。这一类比成立的关键在于，他们都是从定量化的数据中得出结论。这些理论得以成立的前提在于，它们能够帮助我们做出某种基于定量化数据的预测。在这种意义上，基因理论与以往生物学理论的区别在于，虽然以往的生物学理论也假定存在看不见的基本单位，但它认为这些单位的性质是任意的，基因理论则以定量化数据为唯一依据来指定基因单位的性质。

孟德尔两大定律

孟德尔（Mendel）的贡献在于发现了作为现代遗传理论基石的两条基本定律。在整个 20 世纪，其他学者的持续努力引领我们在这一方向上不断深入，并使得建立在更广阔基础上的精密理论阐释成为可能。一些常见的事例可以用来证明孟德尔的发现。

孟德尔把一种食用豌豆的高株品种与矮株品种杂交，得到的第一代杂交种（子代）都为高株（图 1-1）。经过子代自花受精，得到的第二代

（孙代）则出现高株和矮株，高矮数量比例为3∶1。如果高株品种的生殖细胞中含有促成高株性状的遗传物质，矮株品种的生殖细胞中携带促成矮株性状的遗传物质，其杂交种将既包含高株遗传物质，也包含矮株遗传物质。那么，高株杂交种则意味着高株遗传物质支配矮株遗传物质，高株遗传物质呈显性，相应地，矮株遗传物质呈隐性。

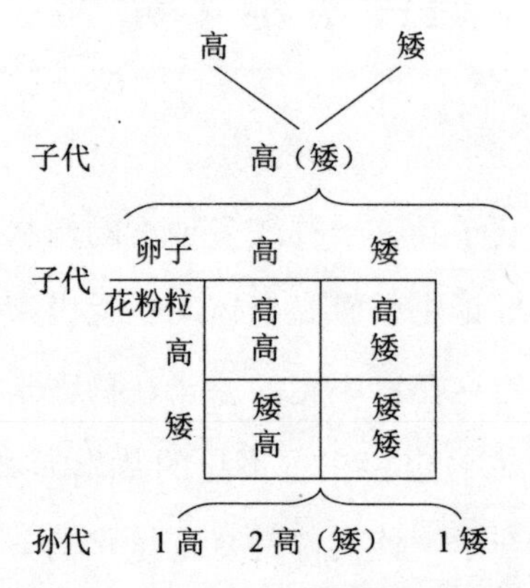

图1-1　高株豌豆与矮株豌豆的遗传

注：高株豌豆与矮株豌豆杂交，得到第一代（子代），即高（矮）杂交种，子代的配子（卵子与花粉粒）经过再结合，以3:1的高矮比例产生第二代（孙代）。

孟德尔指出，子代中出现3∶1的高矮比例可以用一个简单的假说来解释，如果在卵子与花粉粒将要成熟时，将高株遗传物质与矮株遗传物质（二者并存于杂交种内）分离，那么将有一半卵子含有高株遗传物质，另一半卵子含有矮株遗传物质（图1-1），花粉粒与之同理。任一卵子与任一花粉粒在同等机会下相遇受精，平均而言，将获得3∶1的高矮分布比例，也就是说，当高株与高株受精时会得到高株，高株与矮株受精会得到高株，矮株与高株受精依然得到高株，只有当矮株与矮株受精时，才可以得到矮株。

孟德尔对这一假说进行了简单测试，让杂交种与隐性型回交，如果杂交种的生殖细胞具有高、矮两种类型，那么，其子代也应该具有高、矮两种类型，并且在数量上各占一半（图1-2），测试结果证实了假说。

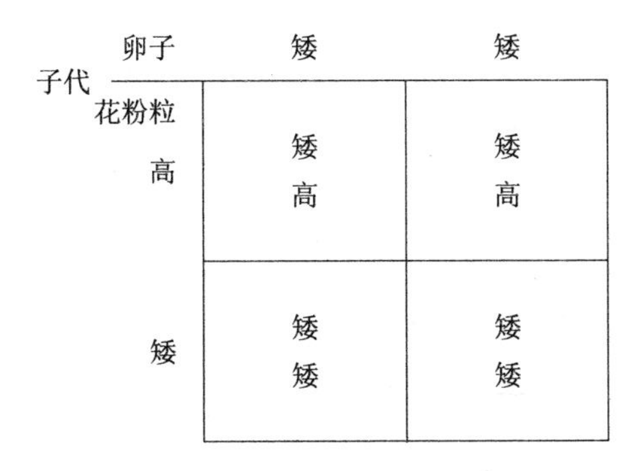

图 1–2　杂交种豌豆回交亲本隐性型

注：子代杂交种高（矮）豌豆与亲本隐性型（矮）回交，会得到同等数量的高株与矮株后代。

同样，人类眼睛颜色的遗传也可以用来阐释高株、矮株豌豆所表现出的这种关系。蓝眼与蓝眼配对，只能得到蓝眼子代；褐眼与褐眼结合，只能得到褐眼子代，前提是二者的祖先都是褐眼。如果一个蓝眼与一个纯种褐眼配对，其后代将是褐眼，如果两个具有这种亲缘关系的褐眼个体配对，其后代拥有褐眼与蓝眼的比例将是 3∶1。（图 1–3）

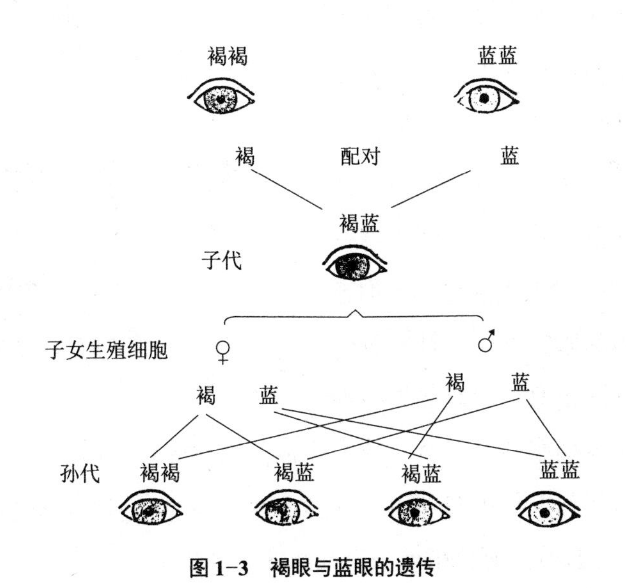

图 1–3　褐眼与蓝眼的遗传

注：人类褐眼（褐褐）与蓝眼（蓝蓝）配对遗传。

如果一个杂交种褐眼个体（子代褐蓝）与一个蓝眼个体婚配，其子女为褐眼与蓝眼的概率各占一半。（图 1–4）

卵子	蓝	蓝
精子 褐	蓝 褐	蓝 褐
蓝	蓝 蓝	蓝 蓝

图 1–4　杂交种回交隐性蓝眼个体

注：含有蓝眼要素的褐眼杂交子代个体与隐性型蓝眼回交，能够得到相同数目的褐眼与蓝眼后代。

有些杂交例证或许可以为孟德尔第一定律提供更重要的支撑，如红花紫茉莉与白花紫茉莉杂交，杂交种是粉色花，如果这些粉色花杂交种自花受精，孙代中，一些会像祖代一样开红色花，一些会像杂交种一样开粉色花，还有一些像其他祖代一样开白色花，三者的比例是1∶2∶1。（图 1–5）当红色生殖细胞与红色生殖细胞结合，一种原有的亲代花色基因恢复；当白色生殖细胞与白色生殖细胞结合，另一种亲代花色基因恢复；而当红色与白色生殖细胞或白色与红色生殖细胞结合时，杂交种混合的情形就会出现。所有的第二代（孙代）有色植株与白色植株比例为 3∶1。

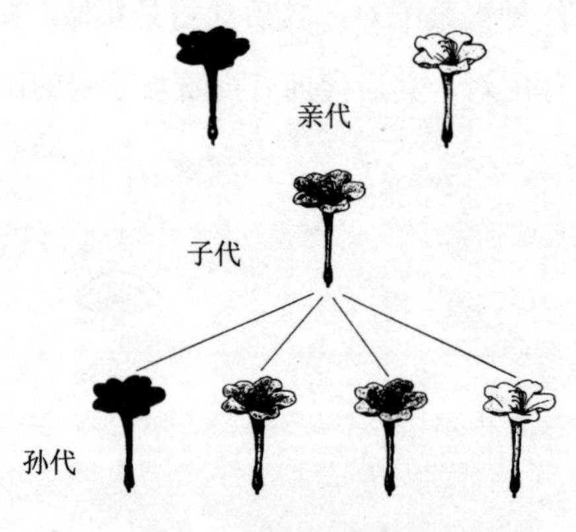

图 1–5　紫茉莉花色的遗传

注：红花紫茉莉与白花紫茉莉杂交，得到粉色子代，并且存在 1 红、2 粉、1 白的孙代比例分布。

有两点需要注意，我们预计红花孙代与白花孙代个体可以产生纯种后代，因为它们分别含有红花要素或者白花要素，但粉色孙代不应该产生粉色后代，因为它们同时含有红花要素与白花要素（图 1–6），这与杂交一代相同。当我们对这些植物进行检验时，这些结论都是正确的。

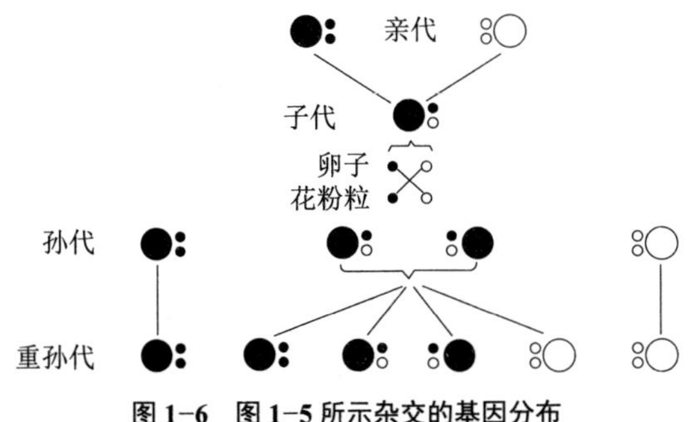

图 1–6　图 1–5 所示杂交的基因分布

注：前面阐释了红花紫茉莉与白花紫茉莉杂交中生殖细胞的演变过程（图 1–5），小黑圆点代表产生红花的基因，小白圆点代表产生白花的基因。

到目前为止，现有结果只能告诉我们，杂交种生殖细胞中来自父母双方的遗传物质是分离的，单从这一证据，这些结果可以解释为红花与白花植株在遗传上具有整体性。

另一个实验进一步阐释了这一问题。孟德尔将结黄色圆润种子的豌豆植株与结绿色褶皱种子的豌豆植株杂交，从其他杂交事例中我们知道，黄色种子与绿色种子是一对相对性状，其杂交孙代具有 3∶1 的比例关系，同时，圆润种子与褶皱种子构成另一对相对性状。

在这一实验中，后代都是黄圆型（图 1–7），子代自交之后，按照 9∶3∶3∶1 的比例产生黄圆、黄皱、绿圆、绿皱这四种个体。

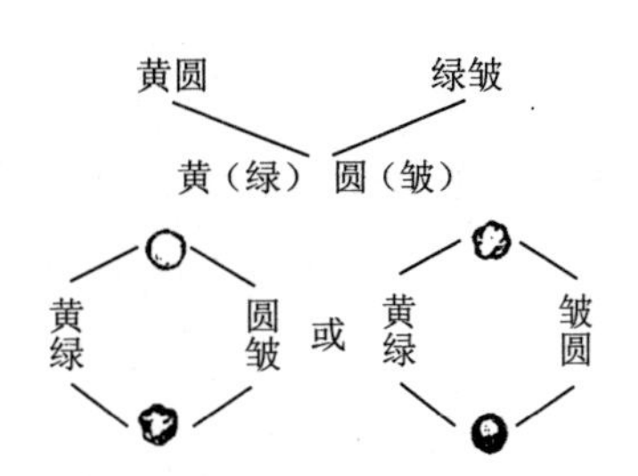

图 1–7　黄圆与绿皱豌豆的遗传

注：该图说明了两对孟德尔式性状的遗传，即黄圆豌豆与绿皱豌豆。该图的下端，显示了四种孙代豌豆类型，即黄圆与绿皱两种原始型，以及黄皱与绿圆两种再结合型。

孟德尔指出，如果黄、绿要素的分离与圆、皱要素的分离彼此独立，那么这里提到的数据就可以得到解释，也就是杂交种在遗传上会产生黄圆、黄皱、绿圆、绿皱这四种生殖细胞。（图 1–8）

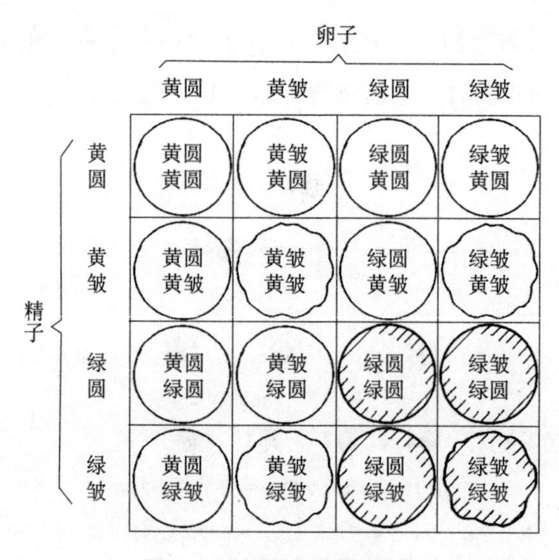

图 1-8　两对性状的基因分布

注：该图说明，当子代杂交种的四种卵子与四种花粉粒结合，将得到十六种孙代再结合类型（从黄圆到绿皱）。

如果这四种卵子与花粉粒随机受精，将会有十六种组合可能，黄色是显性，绿色是隐性，圆形是显性，褶皱是隐性。这十六种组合将会分成四类，按 9∶3∶3∶1 的比例构成。

实验结果显示，不能假定在杂交种中，亲代生殖物质都是分离的。有些情况下，参与杂交时黄色、圆形性状是在一起的，杂交之后二者却是分离的。绿色、褶皱也一样。

孟德尔进一步指出，当有三对甚至四对性状杂交时，在杂交种生殖细胞中性状要素不受干预地相互结合。

似乎不管有多少对性状参与特定杂交，这一结论都是成立的。这意味着有多少种性状组合可能，生殖物质中就有多少对互不干涉的要素。进一步研究表明，孟德尔关于自由组合的第二定律在运用时有着更为严格的限制，因为很多要素之间并不能自由组合，一些参与杂交时就聚合在一起的固定要素，在杂交后代中也聚合在一起。这种现象叫作连锁。

连　锁

孟德尔的论文在1900年被重新发现。四年后，贝特森（Bateson）与庞尼特（Punnett）的报告指出，他们的观察结果并没有得到预期的两对独立性状自由配对时应有的数字结果。例如，当具有紫花和长形花粉粒的香豌豆植株与具有红花和圆形花粉粒的香豌豆植株杂交时，这两种性状类型联合参与杂交，但在杂交后代中联合出现的情形却比预期的紫红与圆长自由配对时应该出现的情形更为频繁。（图1-9）他们指出，之所以产生这一结果，是因为那些来自各自父母的紫、长、红、圆性状在组合时相互排斥。现在这种关系被称为连锁，指的是当某些性状联合参与杂交时，它们倾向于在后代中也保持联合状态，或者从反面说，某些性状对之间的组合并不是随机的。

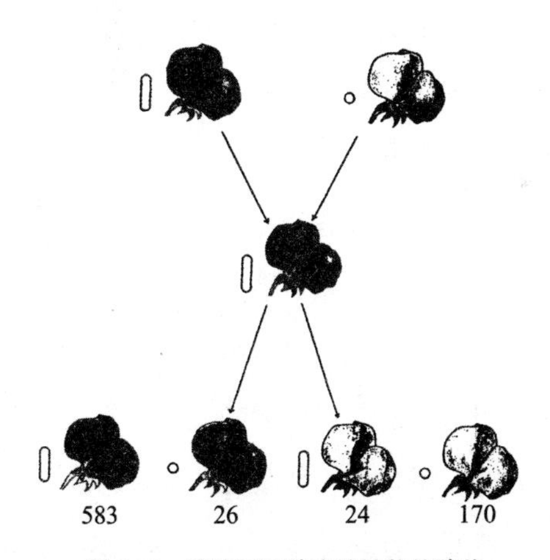

图1-9　香豌豆两种连锁性状的遗传

注：图示紫花、长形花粉粒的香豌豆与白花、圆形花粉粒的香豌豆杂交。在该图下部，显示了孙代的四种个体类型以及它们的比例关系。

就连锁而言，生殖物质的分配似乎是有限的。例如，我们已知的黑腹果蝇（*Drosophila melanogaster*）大约有四百种新变异类型，但这些类型只能归为四种性状群。

前述果蝇的四个性状群中，有一组性状的遗传与性别存在连锁关系，我们将其表述为“性连锁”。果蝇大约有一百五十种性连锁的突变性状，其中有一些体现在眼睛颜色的变异上，有一些与眼睛的形状或大小有关，或者体现在小眼分布的规律性方面。其他性状有的与身体颜色有关，有的关系到翅膀形状，有的关系到羽翅的脉络分布，也有一些会影响到覆盖身体的刺与绒毛。

第二个性状群大约有一百二十种连锁性状，包括身体所有部位的变化，但都与第一性状群产生的影响不同。

第三个性状群大约有一百三十种连锁性状，也涉及身体的所有部位。这些性状与前述两个性状群中的性状都不同。

第四个性状群规模较小，只有三种性状：第一种与眼睛大小有关，在极端情形下会导致眼睛完全消失；第二种涉及翅膀的姿态；第三种与绒毛长短有关。

下面的例子可以说明连锁性状是如何遗传的。一只具有黑色蝇身、紫眼、痕迹翅、翅基有斑点的四种连锁性状（属于第二个性状群）的雄性果蝇，与一只具有灰色蝇身、红眼、长翅、没有斑点等正常相对性状的野生型雌性果蝇杂交，其子代都是野生型的。其中一只雄性子代[1]与一只具有四种隐性性状（黑色蝇身、紫眼、痕迹翅、翅基有斑点）的雌性杂交，孙代只有两种类型：一半像一种祖代一样具有四种隐性性状，另一半像另一种祖代一样属于野生型。（图 1–10）

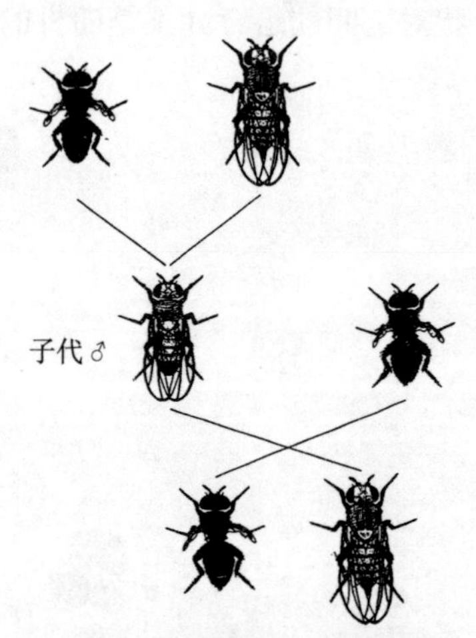

图 1–10　果蝇四种连锁性状的遗传

注：黑色蝇身、紫眼、痕迹翅和翅基有斑点四种连锁隐性性状与野生型正常等位性[2]的遗传。雄性子代与隐性雌性杂交，孙代（该图下部）只得出两种祖代结合类型。

[1] 由于雌性个体的这些性状不完全连锁，因此有必要选取雄性果蝇作为实验对象。（若无特别说明，本书脚注均为原著作者注）

[2] 等位性是指等位基因之间的相互关系，如上述果蝇的黑身、灰身便互为等位性。——译者注

两组相对（或等位）连锁基因参与杂交，当雄性杂交种的精细胞成熟时，一组连锁基因进入一半精细胞，另一组与野生型相对的等位基因进入另一半野生型精细胞。雄性杂交子代与具有四种隐性基因的纯种雌性杂交，就可以发现前述两种精细胞的存在。隐性雌蝇的所有成熟卵子，都包含一组四个隐性基因。任一卵子与带有一组显性野生型基因的精子结合，将得到野生型果蝇；任一卵子与一个带有四个隐性基因（与这里所使用的雌蝇的基因相同）的精子结合，将得到一只黑色蝇身、紫眼、痕迹翅、翅基有斑点的果蝇。这是两种孙代个体的产生方式。

交　换

连锁群内的基因并不总是像我们刚刚提到的例子中所讲的那样处于完全连锁的状态。事实上，在同一杂交情形下的雌性子代中，一个系列的隐性性状中有些性状可能与另一系列的野生型性状相互交换。不过，由于这些性状在更多时候保持连锁而非交换，所以仍可以说它们是连锁的。这种连锁群之间的相互交换作用称为交换。这意味着，在两个相对的连锁系列之间，大量基因可以进行一种有规律的交换。对这一过程的理解是弄清接下来将要阐释的很多问题的关键，所以列举几个交换的例子加以说明。

当一只具有黄翅、白眼两种隐性突变性状的雄性果蝇，与一只具有灰翅、红眼性状的野生型雌蝇交配时，其子代无论雌雄都具有灰翅、红眼性状。如果雌性子代与具有黄翅、白眼隐性性状的雄性交配，将会产生四种类型的孙代。两种与祖代相似，具有黄翅、白眼或灰翅、红眼，这两种在孙代中总共占到99%。（图1-11）在杂交过程中，联合参与杂交的性状在孙代中又联合出现的比例要高于孟德尔第二定律（自由组合定律）的预计。此外，在杂交二代中还产生了两种其他类型的果蝇（图1-11）：一类为黄翅、红眼，另一类为灰翅、白眼，二者在杂交孙代中总共占 1%。这就是交换型，代表了两个连锁群之间的相互交换。

将同样的性状按照不同的方式组合可以进行类似的实验。如果一只黄翅、红眼雄蝇与灰翅、白眼雌蝇交配，那么其雌性子代具有灰翅、红眼性状。如果其雌性子代与具有黄翅、白眼两种隐性突变性状的雄蝇交配，将会得到四种果蝇。其中两种与其祖父母类似，并在孙代中占 99%。另外两种是新的组合，即交换型：一种是黄翅、白眼，另一种是灰翅、红眼，二者在孙代中总共占 1%。（图 1–12）

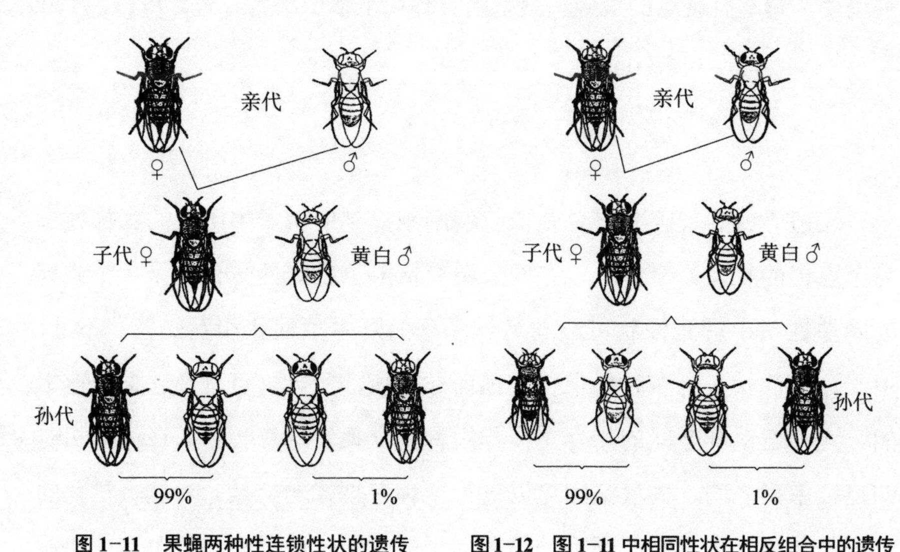

图 1–11　果蝇两种性连锁性状的遗传

注：两种连锁的隐性性状白眼、黄翅与其正常的等位性状红眼、灰翅的遗传。

图 1–12　图 1–11 中相同性状在相反组合中的遗传

注：两种连锁性状与图 1–11 的相同，不过此例是相反组合，即红眼、黄翅与白眼、灰翅的遗传。

这些结果表明，不管杂交时两种性状如何组合，它们之间的交换率都是相同的。如果两种隐性性状联合参与杂交，它们在杂交子代中也倾向于联合出现。这种关系被贝特森与庞尼特称为联偶。如果两种隐性性状分别来自双方父母，那么它们倾向于在杂交子代中分开出现（分别与最初联合参与杂交的显性性状结合），这种关系叫作相斥。但就刚才两个杂交实验而言，这些关系不是两种不同的现象，而是同一情形的不同表现。换句话说，这两种连锁性状参与杂交，最终倾向于联合出现，这与它们是显性还是隐性无关。

其他性状给出不同的交换占比。例如，具有白眼、细翅两种隐性突变性状的雄蝇，与红眼、长翅的两种性状野生型果蝇交配，其子代将具有长翅、红眼两种性状。如果雌性子代与白眼、细翅雄蝇交配，孙代将有四种类型。两种祖父母型在孙代中占67%，两种交换型在孙代中占33%。（图1–13）

下面这一实验具有更高的交换率。白眼、叉毛雄蝇与野生型雌蝇交配，其子代为红眼、直毛。如果雌性子代与白眼、叉毛雄蝇交配，将得到四种个体类型。孙代中祖父母型占60%，交换型占40%。（图1–14）

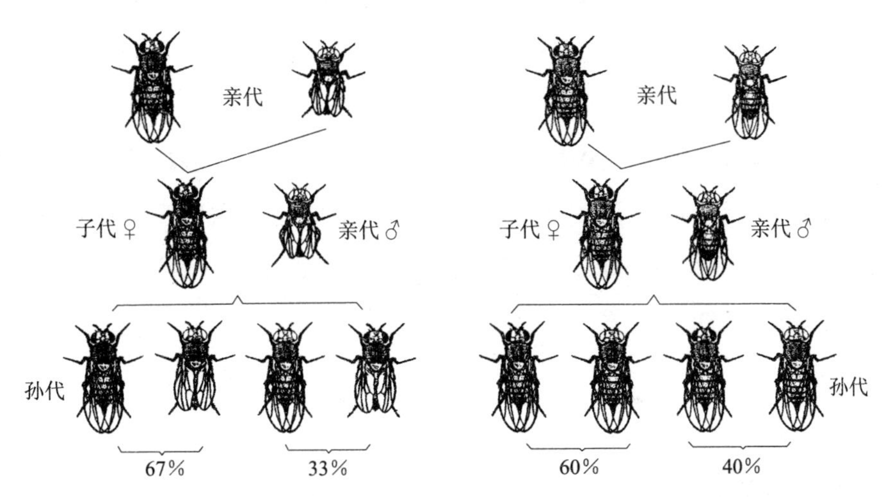

图1–13　白眼、细翅果蝇的遗传（回交）

注：白眼、细翅与红眼、长翅两种性连锁性状的遗传。

图1–14　白眼、叉毛果蝇的遗传

注：白眼、叉毛与红眼、直毛两种性连锁性状的遗传。

一项关于交换的研究表明，所有交换发生的占比都有，最高达50%。如果交换发生的占比能够达到50%，那么这一数字结果就与自由组合发生时的数字结果相同。即便这些性状处于相同的连锁群，也不会出现连锁关系。不过，两种性状处于同一性状群的关系可以通过它们各自与同一群内第三性状的共同的连锁关系来表明。如果能够发现50%以上的交换率，交换组合出现的概率就会大于祖父母型，一种相反情形的连锁就会出现。

事实上，雌蝇中的交换概率总是低于50%，原因在于存在另一种称作双交换的连锁现象。双交换的意思是杂交中两对基因的相互交换发生两次。我们观察到的交换次数减少，原因是第二次交换抵消了第一次交换的影响。我们将在稍后对此进行解释。

许多基因同时进行交换

在刚才提到的交换实验中，研究了两对性状，只涉及杂交中两对基因之间发生单次交换的证据。为了获得连锁群中其余部分发生交换的情况，有必要囊括整个连锁群的性状对。例如，如果具有第一群内的盾片、棘眼、无横脉、截翅、黄褐色体、朱红色眼、深红色眼、叉毛、短毛九种性状的雌蝇与野生型雄蝇杂交，同时子代雌蝇又回交同样的九种隐性性状类型，孙代将呈现各种交换类型。（图1-15）如果交换在两群中心附近（介于朱红与深红之间）发生，结果将如图1-16所示，有两个完整的半截相互交换。

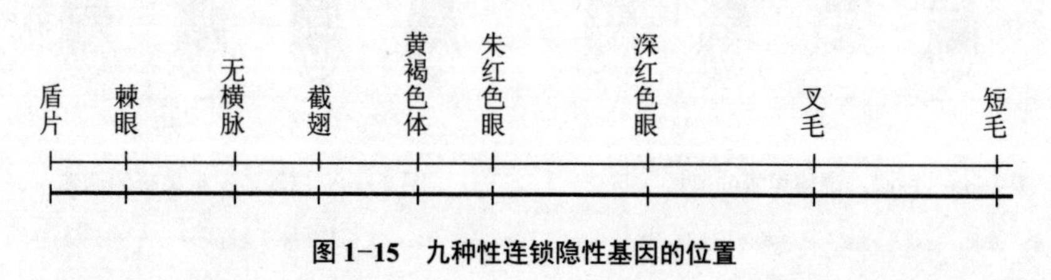

图1-15　九种性连锁隐性基因的位置

注:图示两组等位基因系列的连锁基因。上面一行是九种性连锁隐性基因的大致位置，下面一行是正常等位基因。

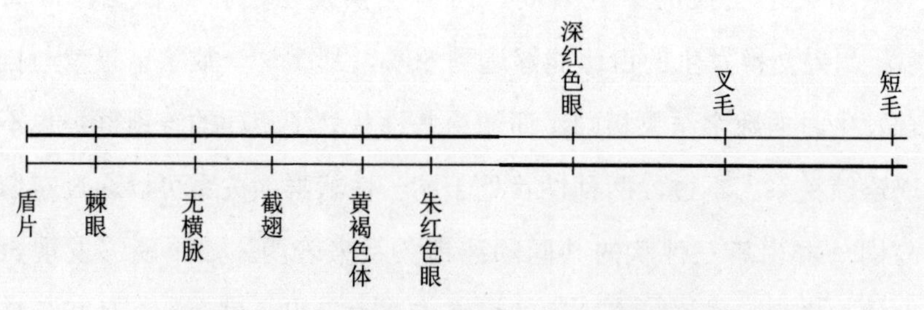

图1-16　图1-15基因组中深红色眼、朱红色眼之间的交换

注：图示深红色眼与朱红色眼之间的交换，即图1-15中两个性状群中心的附近。

交换在一些情况下可以发生在某一端附近，如棘眼与无横脉之间。如图1–17所示，两个群之间只有很短的两段发生了交换。无论交换何时发生，同一情形都将出现。虽然一般看到的只是交换点两侧的基因，但整个基因组都发生了交换。

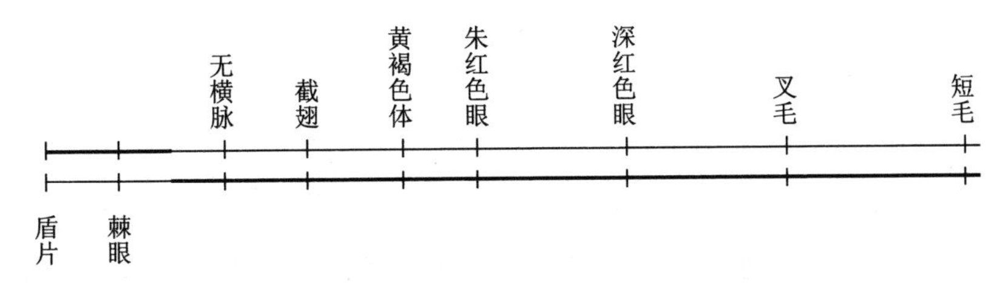

图1–17 图1–15基因组中棘眼与无横脉之间的交换

注：图示棘眼与无横脉的交换，靠近图1–15两组的左端。

当交换同时在两个层面上发生时（图1–18），也将涉及非常多的基因。例如，在刚才提到的基因组中，截翅和黄褐色体之间发生交换，深红色眼和叉毛之间发生另一个交换，两个基因组中段的所有基因都参与交换。因为两个基因组的两端与以前的一样，所以，如果没有突变基因标示交换发生的事实，我们是观察不出交换的发生的。

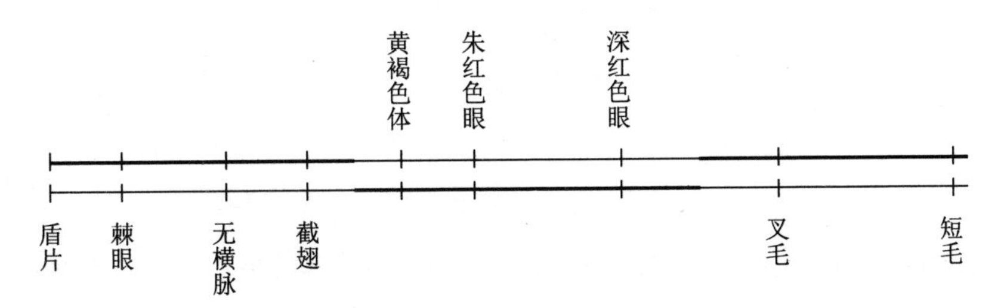

图1–18 双交换

注：图示图1–15中两组等位基因系列连锁基因的双交换。一次交换发生于截翅与黄褐色体之间，另一次发生于深红色眼与叉毛之间。

基因的线性排列

邻近的两对基因与相距较远的两对基因相比，交换发生的概率很小。两对基因相距越远，交换的概率就会相应增加。利用这一关系，可以获得任意两对要素相互间的距离信息。根据这一信息，可以制作出每一连锁群内许多要素相对位置的图表。果蝇所有连锁群内的基因都已经制成了图表。（图 1-19）这样的图表只表明现有研究成果。

在前面给出的连锁群与交换的例证中，基因像一串珠子一样连接成一条直线。事实上，交换得出的数据显示，只有图 1-20 所示的排列方式，才能同所得到的结果一致。

图 1-20 中，假设黄翅、白眼之间的交换是以 1.2% 的概率发生的，那么如果现在检验白眼与相同基因群的第三基因二裂脉之间的交换率就应为 3.5%，如果二裂脉与白眼在同一条直线上，并且位于白眼的同一侧，那么可以预测二裂脉与黄翅之间就应有 4.7% 的交换率。如果二裂脉在白眼的另一侧，可以预测二裂脉与黄翅之间就应有 2.3% 的交换率。而实际上得到的结果是 4.7%，因此，我们将二裂脉排在图 1-20 中白眼的下方。不管同一连锁群内的哪一新性状与其他两种性状相比较，也不管何时进行比较，都将得出这一结果。新性状与其他两种已知性状的任一交换，其交换值为其他两个交换值的和或差。这就是我们所熟知的直线上各性状点之间的关系，也是基因线性排列的证据。到目前为止，还没有发现任何其他空间关系能够满足这些条件。

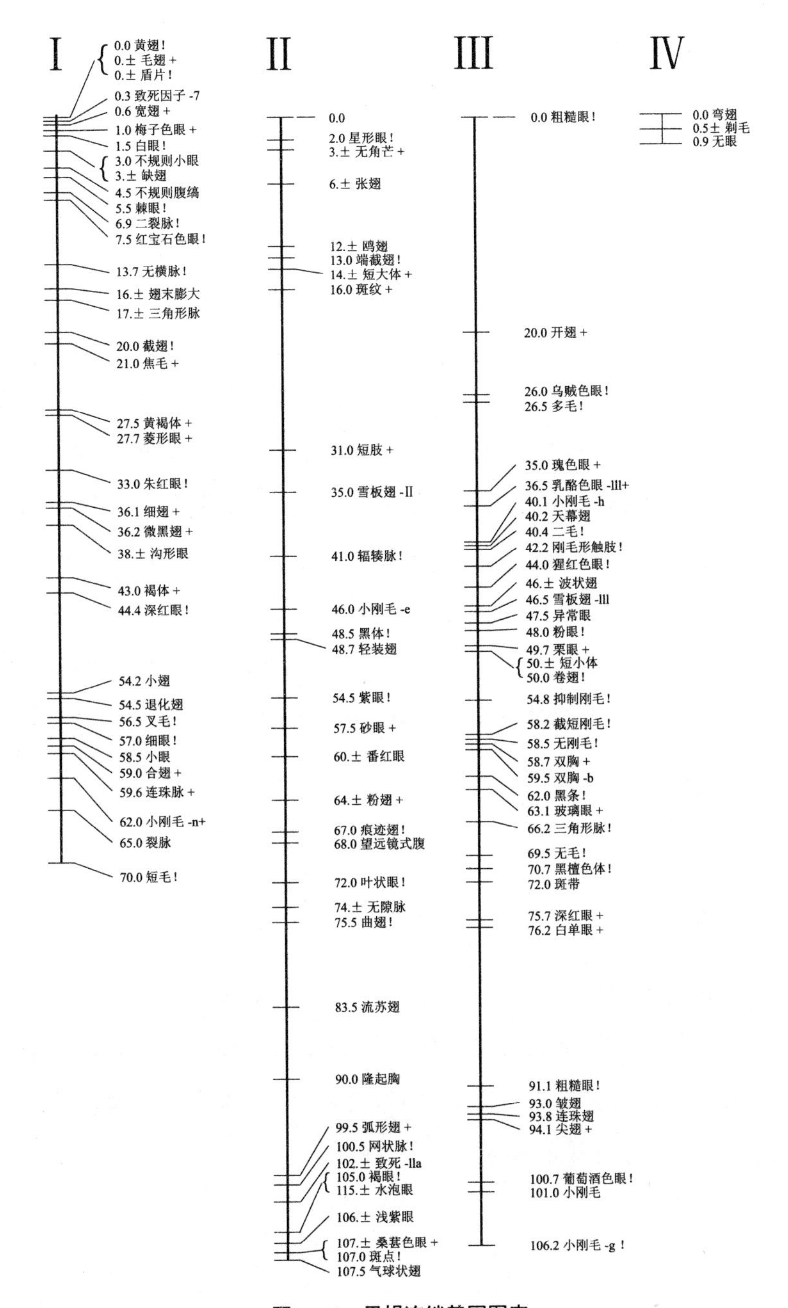

图 1–19　果蝇连锁基因图表

注：图示四种黑腹果蝇（Ⅰ、Ⅱ、Ⅲ、Ⅳ）的连锁基因群，每一性状左侧的数字代表“图距[1]”。

---

[1] 图距指用交换单位来表示同一染色体上基因位点间的距离。——译者注

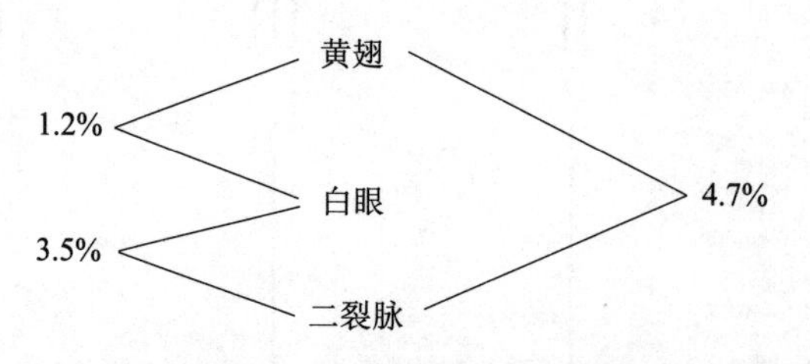

图 1-20　果蝇黄翅、白眼、二裂脉三种性连锁基因的线性排列

现在我们可以明确地阐述基因论。这一理论认为：个体性状可以与生殖物质内的成对要素（基因）建立起联系，这些基因相互联合，组成一定数量的连锁群；当生殖细胞成熟时，按照孟德尔第一定律，每一对中的两个基因都是相互分离的，由此推断每个生殖细胞都只包含一组基因；从属于不同连锁群的基因，会按照孟德尔第二定律互不干涉地自由组合；相对连锁群内的基因之间有时会发生有规则的交换；同时，交换概率为每个连锁群内的要素呈线性排列提供了证据，并且证明了要素之间的相对位置。

基因论

我姑且将这些理论统称为基因论。这些理论能够帮助我们在严谨的数据基础上研究遗传学问题。同时，这些理论使我们可以对某些特定条件下将会发生什么事情进行准确性较高的预测。在这些方面，基因论完全满足了一个科学理论的要求。

第二章

遗传粒子理论

从前一章给出的证据得出的结论是：生殖细胞内有遗传单元，在后代个体之间以不同的程度独立分配。更准确地说，两种参与杂交的个体的性状在后代中独立再现的现象，可以用“生殖物质内有独立单元”这一理论来解释。

这些性状为基因论提供了数据，性状本身也源于所假定的基因；从基因到性状，则是胚胎发育的全部范围。这里所陈述的基因论，并没有指出基因与其最终产物即性状之间建立联系的方式。这方面知识的缺失并不意味着胚胎发育过程对遗传学来说无关宏旨。毫无疑问，关于基因如何对发育中的个体施加影响的知识，将大大拓展我们对遗传的相关认知，也可能使目前很多令人费解的现象得到解释。不过，现实是现在仍然可以在不谈及基因如何作用于发育过程的前提下，解释性状在后代中的分布。

然而，在上述论点中有一个基本假设，即发育过程严格遵循因果律。基因变化会对发育过程产生一定影响——它影响到以后该个体在某些情形下出现的一种或多种性状。在这一意义上，无须试图解释基因与性状之间产生关联的因果过程的本质，基因论就能得以证明。而之所以会出现一些对该理论的不必要的批评，正是因为没有认清这种关系。

例如，有人指出，假设生殖物质中有不可见的要素，那它们什么也说明不了，因为这些假定的要素的特性，正是该理论所要阐释的。不过，事实上，基因的特性只是从个体所提供的数据中推论出的。与其他类似的指责一样，这一批评没有弄清楚遗传学问题与发育问题之间的区别。

这一理论也招致了不公正的批评，批评的根据是有机体属于物理－化学机制，而基因理论却不能有效说明其中的组织机制。但是这一理论提出的假设，即基因的相对稳定性、基因自我繁殖的性质、生殖细胞成熟时基因的联合与分离，并未与物理原理不一致。虽然这些假设所涉及的物理－化学过程不能精确地表述出来，但它们至少与我们所熟悉的生物现象有关。

由于没有理解孟德尔的理论所依赖的证据，也没有认识到该理论与以往关于遗传与发育的其他粒子理论在方法上的不同，也导致了一些对孟德尔理论的批评。这类粒子理论很多，所以生物学家倾向于按照经验，在某种程度上对所有假定存在不可见要素的理论都有些质疑。对一些早期的理论假说进行简要的检验，有助于更为清楚地指出旧方法与新方法之间的区别。[1]

1863 年，赫伯特·斯宾塞（Herbert Spencer）提出生理单元论，该理论假定每一种动植物都由类似的基本单元组成。他认为这些要素比蛋白分子更大，结构也更为复杂。斯宾塞提出这一观点的理由之一是，在某些情况下有机体的任何部分都可以再造一个整体，卵子与精子都是这个整体的断片。每个个体的结构差异被模糊地认为是由身体不同部分中要素的“极性”或某种结晶化排列造成的。

斯宾塞的理论纯属推测性的，它赖以支撑的证据是：身体的某个部分可以制造出一个同样的全新的整体。据此，有机体的所有部分都含有可以发育成一个全新整体的遗传物质。这虽然至少部分正确，但事实上整体并不一定必须由一种单元组成。我们现在解释部分发育出全新整体

[1] 关于早期理论的详细讨论见德拉热（Delage）的遗传学理论与魏斯曼（Weismann）的种质论。

的能力，也必须假定：对整体结构而言，机体的每一部分都含有构成一个整体的遗传要素，只是这些要素可能彼此不同——这一特性关系到身体的差异性。只要有一个完整的单元，就可能具有产生全新整体的能力。

1868 年，达尔文（Darwin）提出“泛生说”，指出存在不同的、不可见的粒子。这些具有代表性的粒子被称为芽体，它们持续地由身体的每一部分向外抛离；进入生殖细胞的粒子，与原本存在的其他遗传单元组合在一起。

该理论主要着眼于解释获得性性状如何传递。如果父母身体上的特性变化传递给后代，就需要这种理论。如果身体上的性状变化不传递，这一理论就没有存在的必要了。

1883 年，魏斯曼对整个传递理论提出疑问，并且说服了很多但不是全部的生物学家。魏斯曼指出获得性传递的证据是不充分的，并由此发展出有关种质独立的理论：卵子不只制造新个体，也产生新个体所携带着的与原卵子一样的新卵子；卵子产生新个体，但个体除了保护与滋养卵子外，对卵子含有的种质并没有产生其他影响。

以此为起点，魏斯曼发展了典型要素的粒子遗传理论。他引用从变异现象中得出的证据，并通过对胚胎发育的纯粹规范化的解释发展了他的理论。

首先，我们注意到，魏斯曼的观点体现在他称为遗子的遗传要素的本质上。魏斯曼的晚期著作中记载，当很多小染色体存在时，他便把小染色体当成遗子；只有少数染色体存在时，他假定每一条染色体都由几个或很多个遗子构成；每个遗子都含有对单一个体的发育至关重要的所有要素；每个遗子都是一个微观世界；遗子各不相同——每个遗子都与其他遗子在某个方面存在区别，因为它们是不同的祖先个体或种质的代表。

动物个体的变异是由遗子各种不同的再组合导致的。这是卵子与精子结合的结果。生殖细胞成熟时，遗子的数目缩减一半，如果不是这样的话，遗子的数目将趋向于无穷大。

魏斯曼还构建了一个精密的胚胎发育的理论，这一理论建立在如下观点之上，即随着卵子的分裂，遗子被分解成更小的要素，直到身体内的每一种细胞都含有遗子的最终成分——定子。在那些注定成为生殖细胞的细胞中，遗子的裂变不会发生，由此才有种质或遗子群的连续性。胚胎发育理论的观点超越了现代遗传理论的范围；现代遗传理论忽视发育过程，其假定条件也与魏斯曼的理论截然相反，认为身体的每个细胞里都存在着整个遗传的复合体。

由此可见，为了解释变异，魏斯曼在他巧妙的推理里引入了一些与我们今天所采用的类似的过程，他相信变异是来自双亲的单元再结合。这些单元在卵子与精子成熟的过程中减少了一半，它们各自作为一个整体并各代表祖先的一个阶段。

生殖物质的独立性与连续性的观点主要归功于魏斯曼。他批判拉马克（Lamarck）的理论，从而对澄清思想做出了巨大贡献。获得性遗传理论在很长一段时期内使关于遗传的问题都变得模糊不清。魏斯曼的论著把探讨遗传学与细胞学之间的密切关系摆到前沿位置，这也是他的一项重要成果。我们很难估计他出色的推理对我们后来尝试着从染色体构成及其行为方式的角度阐释遗传学问题产生了多大影响。

这些以及其他更早的假说，在今天只具有历史上的意义，不足以代表现代基因理论发展的主要路径。现代基因理论成立的根据在于它所使用的方法，以及它有能力预测某一特定种类的精确的数字结果。

我冒昧地认为，虽然现代基因理论与早前理论具有相似之处，但现代基因理论是根据实验得出的遗传证据一步步推导出来的，这些证据的每一处都受到严格的控制，所以它与旧理论是完全不同的。当然，基因论不需要也不会自以为是地宣称是终极的。毫无疑问，它将经历很多变革，并循着新的方向发展。目前我们已知的绝大多数遗传事实可以通过现有理论得到解释。

第三章
遗传机制

第一章结尾描述的基因论由纯粹的数据推导而来，并没有考虑动植物体内是否有任何已知或假定的变化能按照假定的方法促成基因的分配。不管基因论在这方面如何令人满意，生物学家仍将继续寻求办法使有机体实现基因有规则的再分配。

从 19 世纪的最后二十五年到 20 世纪的前二十五年，通过对卵子与精子最后成熟时的变化的研究，生物学家发现了一系列标志性事件，使得对遗传机制的研究有了很大进展。

研究发现，体细胞与早期阶段的生殖细胞都存在双组染色体。这种双重性的证据来自对染色体大小差异的观察。不管什么时候，只要染色体上有可辨识的差异存在，便会发现每一类染色体在体细胞内总是两条，而成熟后的生殖细胞中则只有一条；在每类染色体中，其中一条来自父方，另一条来自母方。现在，染色体复合体的双重性成为细胞学中最确定的事实之一。对这一规则唯一具有冲击性的例外情况有时会在性染色体中发现。但即便出现这种情况，雌性或雄性一方仍然保持着双重性，经常是雌雄两性都具有双重性。

孟德尔两大定律的机制

随着生殖细胞成熟过程接近尾声，同等大小的染色体接合成对。接

着，细胞分裂，每对染色体中的两条各自进入一个细胞。每个成熟的生殖细胞将只包含一组染色体。（图 3-1 和图 3-2）

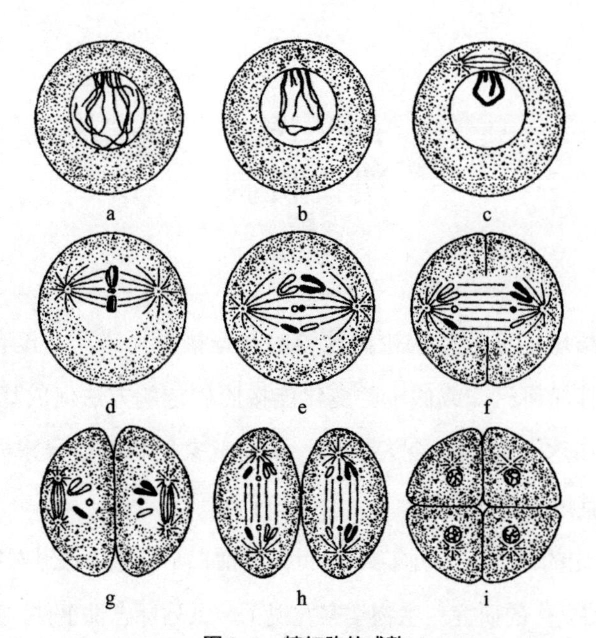

图 3-1　精细胞的成熟

注：图示精细胞的两次成熟分裂。每个细胞表现三对染色体；黑色代表来自父方的染色体，白色代表来自母方的染色体（a、b、c 除外）。图 d、e、f 所示的第一次成熟分裂为减数分裂。图 g、h 所示的第二次成熟分裂为均等分裂，每条染色体纵裂为两条新染色体。

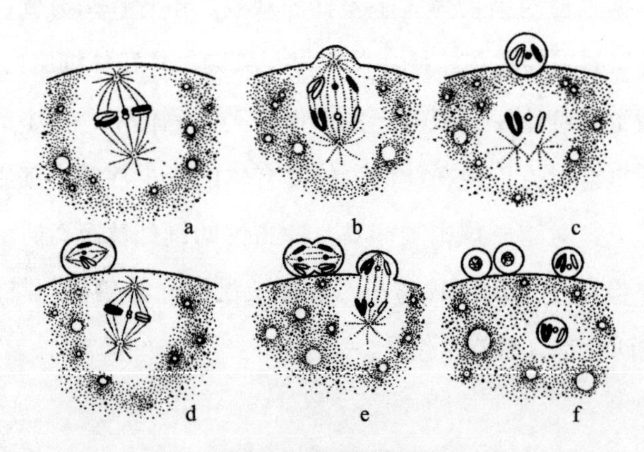

图 3-2　卵细胞的成熟

注：图示卵细胞的两次成熟分裂。第一次成熟分裂的纺锤体如图 a 所示；父方染色体与母方染色体的分离（减数分裂）如图 b 所示；第一极体分出如图 c 所示；第二次成熟分裂的纺锤体如图 d 所示，每条染色体纵裂为两条新染色体（均等分裂）；第二极体形成如图 e 所示；卵细胞核只有一半子染色体（单倍体）如图 f 所示。

在成熟阶段，染色体的这种行为与孟德尔第一定律相似，每对染色体中，来自父方的染色体与来自母方的染色体分离。结果生殖细胞包含每对染色体中的一条。关于每一对染色体，我们可以指出，在它成熟后，一半生殖细胞包含每对染色体中的一条，另一半则含有这对染色体中的另一条。如果把染色体换成孟德尔单元，其表述是相同的。

每对染色体中有一条来自父方，另一条来自母方。如果成对接合的染色体在纺锤体上排列时，所有来自父方的染色体都聚集在一端，所有来自母方的染色体都聚集在另一端，这样产生的两个生殖细胞将分别与父亲或母亲的生殖细胞相同。我们没有一个先验的理由来假定接合的染色体将按照这一方式运作，但想要证明它们没有这样做却是极端困难的，因为就这一事例的本质而言，正在接合中的两条染色体在形状与尺寸上都类似，没有哪一规则可以通过观察告诉我们哪一条染色体是父方的，哪一条又是母方的。

不过，近年来，在一些对蚱蜢进行研究的例子中，发现某些成对的染色体在形状或纺锤体纤维的联系方式上有时存在微弱差别。（图 3-3）当生殖细胞成熟时，这些染色体先两两接合，然后分离。由于它们保留着个体差异，所以能够追踪到它们进入两极的踪迹。

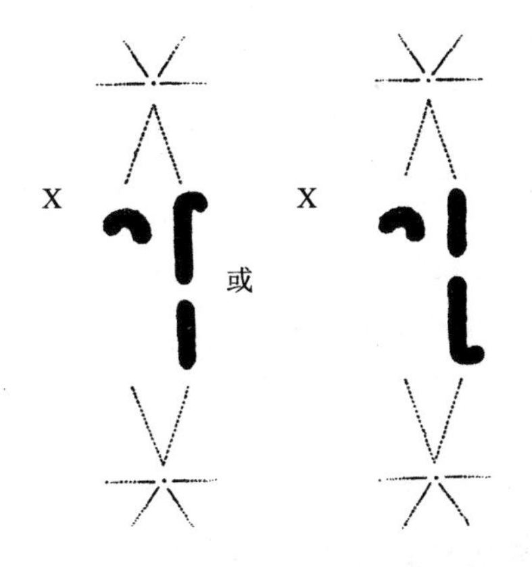

图 3-3　X 染色体与一对常染色体的自由组合

现在，在这些蚱蜢里，雄性有一条不成对的染色体，与雄性性别的决定机制有关。（图 3-3）在成熟分裂时，这条染色体要么进入纺锤体的这一极，要么进入纺锤体的另一极。它可以作为成对染色体行动方向的标记。卡罗瑟斯（Carothers）女士首先完成了这些观察。她看到一对具有标记性（一条弯的，一条直的）的染色体，其根据与性染色体的关系，可以向任意一极分离。

就这个例子进一步观察，我们发现一些个体中的其他几对染色体有时也表现出一定的差异。一项关于这些染色体在减数分裂中的情形研究，再一次表明一对染色体向两极分布的方向与其他对染色体的分布方向互不相关。从这里我们得到了不同对染色体之间自由组合的客观证据。这一证据与孟德尔关于不同连锁群中的基因自由分配的第二定律相似。

连锁群数目与染色体对的数目

遗传学表明遗传要素形成连锁群，并且在一个例子中已经确定连锁群的数目一定不变，在其他情况下也可能如此。果蝇只有四个连锁群和四对染色体。香豌豆有七对染色体（图 3-4），庞尼特发现可能有七对相互独立的孟德尔性状。按照怀特（White）的研究，食用豌豆也有七对染色体（图 3-4）和七对独立的孟德尔性状。在印度玉米中则有十到十二（不确定）对染色体以及若干连锁基因群。金鱼草则有十六对染色体，独立基因的数目与染色体的数目接近。其他动物和植物中也存在连锁基因，只是其数目要比染色体的数目少。

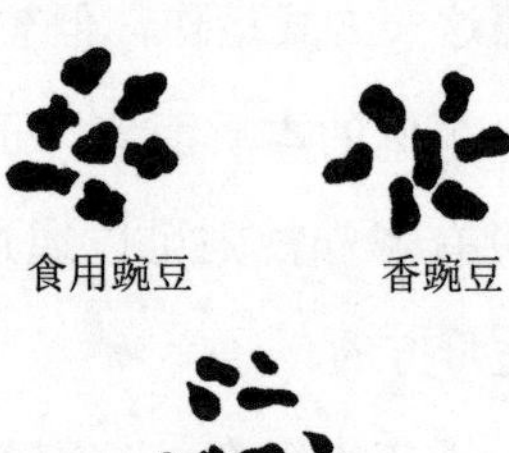

图 3-4　食用豌豆、香豌豆与印度玉米的单倍染色体群

注：图示减数分裂后的染色体数。食用豌豆的单倍数为 7，香豌豆的单倍数为 7，印度玉米的单倍数为 10 或 12。

到目前为止，没有进一步发现关于自由组合的基因对数比染色体对数更多的证据。就现有研究进展而言，连锁群与染色体对在数目上相符合的观点是成立的。

染色体的完整性与连续性

染色体的完整性或其从一代到下一代的连续性，对染色体理论来说也是重要的。细胞学家们存在一个基本共识，即当染色体在原生质中游离出来时，它们在整个细胞分裂期间都保持完整，但当它们吸收液体，组合成静止核时，就再也无法追踪它们的轨迹了。不过，使用间接方法，可以获得一些静止期内染色体情况的证据。

每次分裂后，染色体在结合成新的静止核时变成液泡，它们形成了新核内的相互分隔开的小泡，这时还可以对其追踪一段时间。接着，染色体失去了受染能力，再不能被识别出来。当染色体快要再次出现时，又可以看见囊状小体。即使这一现象不能被证实，但它至少提示了：染色体在静止期内仍然保持其原来的位置。

博韦里（Boveri）发现，蛔虫卵细胞分裂时，每一对的两条子染色体以相同的方式分离，并且经常显示出特殊的形状。当子细胞下一次分裂，子细胞的染色体将要再现时，染色体在细胞内依然保持着类似的排列方式。（图 3–5）这一结论是清楚的。在静止核内，染色体进入核时的形状得以保持。这个证据支持这一观点：染色体没有先化为溶液，然后重组，而是保持了它们的完整性。

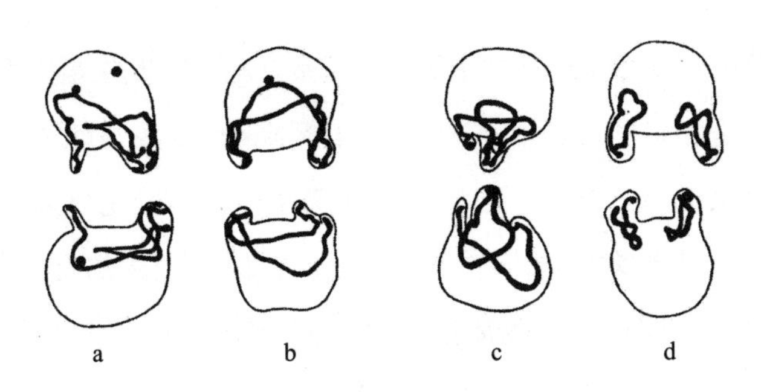

图 3–5　蛔虫子细胞的细胞核

注：图示四对子细胞（上下两头）的细胞核内，子染色体从静止核中产生时的位置（根据博韦里的研究）。

最后，染色体数目加倍或是具有不同染色体数的物种杂交，使染色体数量有所增加。随后每种染色体可能会产生三条或四条，这一数目一般能在以后的所有分裂中得以保持。

总的来说，细胞学证据没有完全证实染色体在其历史中的完整性，但至少是有助于验证这一观点的。

不过，对这一表述必须设定一个很重要的限制：遗传学证据清楚地证明了，在同一对中的两条染色体之间，有的部分有时会发生有秩序的交换。是否有细胞学证据显示出任何关于这类交换的启示呢？我们需要进入更具有争议的领域来解决这一问题。

交换的机制

如果像其他证据清楚地显示染色体是基因的携带者，如果基因在同对染色体中可能发生交换，那么我们迟早会找出这一交换发生的某种机制。

在遗传学发现交换作用的若干年之前，染色体的接合过程以及成熟生殖细胞中染色体数目的减少都已经完全确定了。已经证实的是，接合时同一对染色体就是互相接合的那两条。换句话说，接合并不像之前对接合过程所做的推测那样是随机的，接合总是发生在来自父方与母方的特殊染色体之间。

我们现在可以补充这样一个事实，即接合之所以发生是因为一对（两条）染色体是相似的，而不是因为它们分别来自雄体与雌体。这可以通过两个方面来证明。首先，在雌雄同体类型中，尽管是自体受精，每一对的两条染色体都来自同一个个体，但同样的接合依然会发生。其次，在个别例子中，同对的染色体虽然来自同一个卵子，但由于交换发生，所以仍然可以假定它们会接合。

相似染色体接合的细胞学证据，对交换发生的机制进行了初步解释，很显然，如果每对的两条染色体整条并列，就像成对基因两两并列一样，那么，这些位置可以引起相对的两段染色体之间有秩序的交换。当然，不能就此认为，染色体并列排列，交换就必然发生。事实上，一项关于连锁群内交换的研究，例如，果蝇性连锁基因群（在这一连锁群内有足够的基因数量，为连锁群内发生交换提供了充分的证据）表明，43.5% 的卵子内的成对染色体没有发生交换，43% 的卵子中发生了一次交换，发生两次交换（双交换）的占 13%，发生三次交换的占 0.5%。在雄性果蝇中，一次交换也没有发生。

1909 年，让森斯（Janssens）发表了一份关于他称其为染色体交叉型的详尽报告。我们这里不谈让森斯研究成果的详细内容，只提他相信他能够提供证据来证明，在接合的成对的两条染色体之间存在着整段交换，这种交换可以追溯到接合的两条染色体在早期的互相缠绕。（图 3–6）

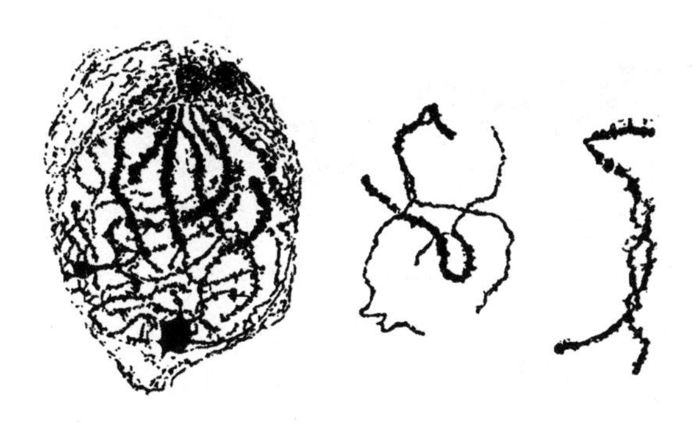

图 3–6　*Batrachoseps*[1] 染色体的接合

注：图片中间两条染色体中的一条有两条细丝相互缠绕（根据让森斯的研究）。

可惜的是，在成熟分裂中，与其他任何阶段相比，染色体缠绕时期

[1] 此类名称为此物种的国际通用拉丁学名，为确保表达准确，现保留其拉丁名称。用拉丁文为生物命名是由瑞典植物学家林奈（Linnaeus）提出的，称为双名法，即用两个拉丁化的名字命名，第一个拉丁名称代表属名，首字母大写，如 *Batrachoseps* 即为蜥尾螈属，第二个拉丁名称代表种名，首字母一律小写，如第 47 页的 *brevistylis*，为荷兰月见草属的一种野生种。为避免冗长，文中属名第二次出现时，为简写。——译者注

引起了更多的争论。就这一案例的实质来说，即便承认染色体缠绕的发生，实际上也可能证实了它引起了遗传学证据所要求的那种交换。

有很多已发表的染色体彼此缠绕的图片。在某些方面，这一证据并不让人信服。例如，在最常见和最确定的有缠绕明显存在的阶段，就是接合成对的染色体变短并准备进入纺锤体赤道面的时候。（图 3-7）通常这一阶段的染色体的缠绕被解释为与两条接合染色体的变短存在某种联系。在这些图片里，没有迹象表明会引发交换。虽然此类案例中有一些是早期缠绕的结果，不过螺旋状态的持续存在更显示出没有发生交换，因为交换会解开缠绕。

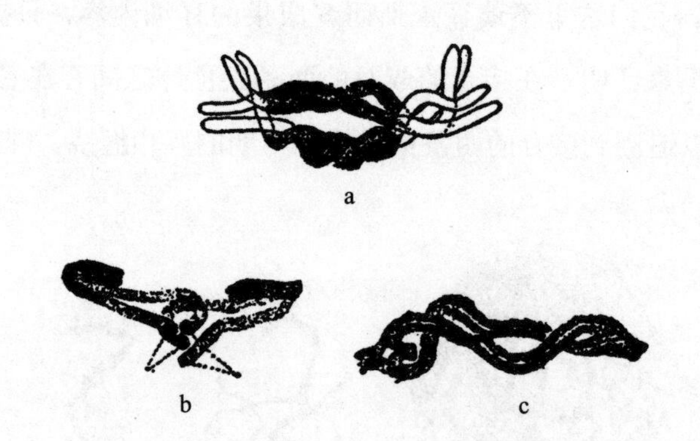

图 3-7　*Batrachoseps* 染色体的缠绕

注：*Batrachoseps* 染色体在进入第一次成熟分裂的纺锤体之前，染色体呈粗丝形状，已是缠绕的晚期（根据让森斯的研究）。

如果看一下早期缠绕阶段的图片，我们会发现有大量例子证明，细丝（细丝时期）似乎是相互缠绕的（图 3-8b），不过这种解释经常引起质疑。如何判定二者在各个接合点上谁处于上方，谁处于下方，事实上是很困难的。更困难的是，细丝只有在凝固状态下才可以着色，以便能在显微镜下观察。

最能证实细丝缠绕的，是那些开始于一端（或弯曲染色体的两端），并且趋向另一端（或向中间弯曲）的接合。或许 *Batrachoseps* 精细胞这一类最引人注意（图 3-6），但是浮蚕属 *Tomopteris* 的图片也几乎或完全适用。涡虫卵细胞染色体图（图 3-8）也具有充分的说服力。至少有些图给人一种染色体丝向一起靠拢时出现一次或多次重叠的印象，但是这一印象并不足以证明，它们除在某种平面上表现出交叉外，还会产生其他更多的联系。此外，这并不表明它们在重叠的部分一定发生交换。同时必须承认，还没有细胞学证据能证实交换，就这一状况的本质而言，实际上也很难得到精确的证实。虽然如此，还是有很多例子证明，可以假定进入接合位置的染色体可能很容易发生交换。

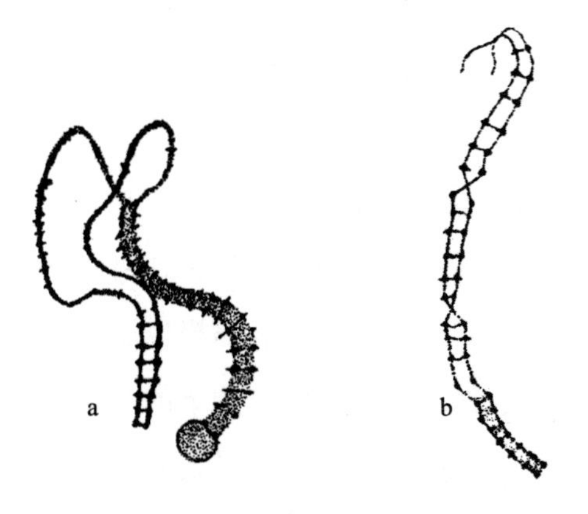

图 3-8　涡虫卵细胞一对染色体的接合

注：a 显示两条细丝正在靠拢，b 显示两条接合丝在两个层面上交换［根据盖莱伊（Gelei）的研究］。

因此，细胞学家对染色体的描述，在某种程度上满足了遗传学的要求。回顾这一事实，即在发现孟德尔的论文之前，已经发现大量细胞学证据，并且没有一项工作的进行是带有遗传学偏见的，而是独立于遗传学者的研究的。这些关系似乎不能只是巧合，而更有可能是学者们已经发现了遗传机制的许多重要部分。通过这种机制，遗传要素按照孟德尔两大定律分配，同对染色体有秩序地进行交换。

第四章
染色体与基因

不仅染色体通过一系列行动为遗传理论提供一种机制，其他证据也支持染色体携带遗传要素或基因的观点，而且这一证据也在逐年强化。这一证据有多个来源。最早的证据来自对雄性与雌性均等遗传的发现。在动物界，雄性一般只贡献精子的头部，头部内几乎完全是由染色体密集构成的细胞核。尽管卵子为将来的胚胎提供了所有可见的原生质，但除了在初始阶段，发育受母方染色体影响下的卵子原生质支配外，卵子对发育不具备影响优势。尽管存在这个最初的影响，而这又可完全归因于以前母方染色体的作用，但在随后的发育阶段和成体方面，母方影响并不占优势。

不过，由于涉及超显微的不可见要素，父母双方影响的证据本身还不具有说服力。这也许说明了对未来胚胎而言，除染色体外，精子还会提供其他物质。事实上，近些年的研究表明，中心体这一可见的原生质要素可以由精子带给卵子，不过，中心体是否会对发育过程产生某种特殊影响，还没有得到证明。

染色体的意义从另外一个角度得以彰显。当两个（或更多）精子同时进入卵子，三组染色体在卵细胞第一次分裂时呈不规则分布。这样就产生了四个细胞，而不是像正常发育中那样产生两个细胞。详细研究这类卵子，连同对分离之后的四个细胞各自的发育情况进行研究，能够证明除非至少存在一整组染色体，否则就不会正常发育。至少这是对该结果的最合理的解释。在这些例子中，由于没有对染色体进行标记，所以这一证据至多不过是创设一个假定，即必须至少有一整组染色体存在。

近来，更多其他来源的证据佐证了这一解释。例如，已经证明，单独一组染色体（单倍体）能够产生一个与正常型大致相同的个体，不过这一证据也表明这些单倍型个体不如该物种的正常双倍型个体健壮。这一区别可能更多归因于染色体以外的其他因素。就我们目前掌握的情况来看，双组染色体优于单组染色体的假设依然成立。另一方面，在苔藓生命周期中的单倍体阶段，通过人为方式将单倍体转化为二倍体，并没有显示产生了什么优势。进一步说，人造四倍体中的四组染色体相较于普通二倍体而言是否存在优势，仍旧存疑。这表明我们在衡量一组、两组、三组或者四组染色体的优点时必须谨慎，尤其是当发育机制已经适应了正常染色体数量，却通过增加或减少染色体数量，来得到一种不自然的状态的时候。

关于染色体在遗传中的重要性，最全面和最具说服力的证据可能来自最近的遗传学研究。这些研究涉及染色体数量变化时的特定影响，并且每一条染色体都携带遗传因子，可以让我们辨别它们的存在。

最近的此类证据来自果蝇微小的第四染色体（染色体－Ⅳ）数目的减少或增加。使用遗传学方法和细胞学方法，都证明了在生殖细胞（卵子或精子）中有时丢失了一条第四染色体。如果一个缺少该染色体的卵子与正常精子受精，那么受精卵只含有一条第四染色体，由此发育出的果蝇（单体－Ⅳ型）在身体的很多部分与正常果蝇存在差异（图4-1）。

这一结果显示，当这些染色体中的一条缺失时，即便另一条第四染色体存在，也会产生特定的影响。

第四染色体含有三种突变基因，分别是无眼、弯翅和剃毛。（图4-2）这三种基因都是隐性的。如果单体－Ⅳ型雌蝇与携带两条第四染色体（每个成熟精子各携带一条）的二倍－Ⅳ无眼型雄蝇交配，那么孵化出的一些后代无眼。如果移除蛹，检查那些没有孵化的果蝇，将会发现更多的无眼果蝇。这些无眼果蝇是缺失第四染色体的卵子与第四染色体携带无眼基因的精子受精的结果。如图 4-3 所示，有半数果蝇将是无眼的，但这些果蝇中的绝大多数没有度过蛹的阶段，这意味着无眼基因有弱化个体的作用，再加上缺失一条第四染色体，所以只有少数果蝇能够存活。不过，第一代中存在隐性无眼果蝇，却证实了第四染色体携带无眼基因的解释。

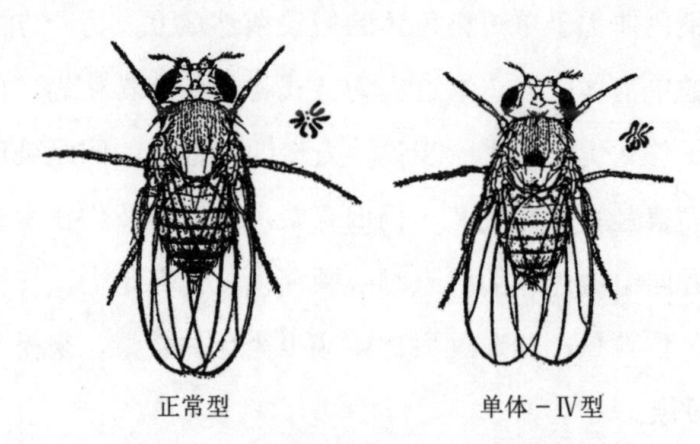

图 4-1　正常雌果蝇与单体 - Ⅳ型雌果蝇

注：图示黑腹果蝇的正常型与单体 - Ⅳ型。它们的染色体群显示在各自的右上部。

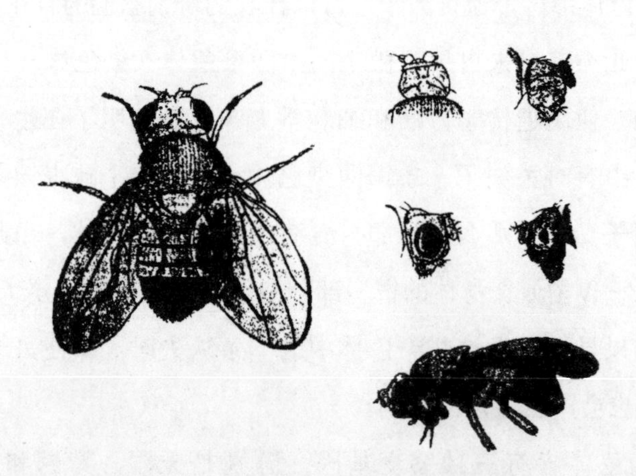

图 4-2　果蝇第四染色体群的三种突变基因

注：图示黑腹果蝇第四连锁群的性状。左侧为弯翅；右上为四个无眼头部，一个为背视，三个为侧视；右下为剃毛。

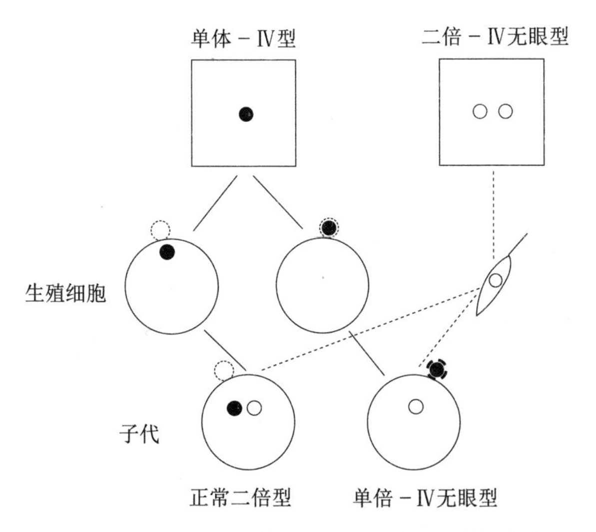

图 4–3　单体－Ⅳ型果蝇与二倍－Ⅳ无眼型果蝇的杂交

注：图示正常有眼单体－Ⅳ型果蝇与具有两条第四染色体（各携带一个无眼基因）的无眼果蝇杂交。第四染色体携带的无眼基因用圆圈表示，正常眼基因用黑点表示。

同样的结果也可以从对弯翅与剃毛两个突变基因所做的相同实验中获得。杂交一代中孵化的隐性型果蝇所占比例更小，这意味着相比无眼基因，这些基因具有更强的弱化作用。

偶尔会出现具有三条第四染色体的果蝇，称作三体－Ⅳ型果蝇。（图 4–4）三体－Ⅳ型果蝇在一种或多种、全部性状上与野生型不同。它们的眼睛更小，体色更黑，翅膀更狭小。如果用三体－Ⅳ型果蝇与无眼果蝇交配，那么会繁育出两种后代，半数为三体－Ⅳ型，半数具有正常的染色体数目。（图 4–5）

图 4–5 显示了正常眼的三体－Ⅳ型果蝇与纯合无眼的正常二倍型果蝇的杂交情况。图下半部为子代三体－Ⅳ型果蝇（子代卵子代表其配子）与二倍型无眼果蝇（圆圈代表其无眼精子）的杂交情况，其按照野生型与无眼型为 5∶1 的比例产生果蝇后代。

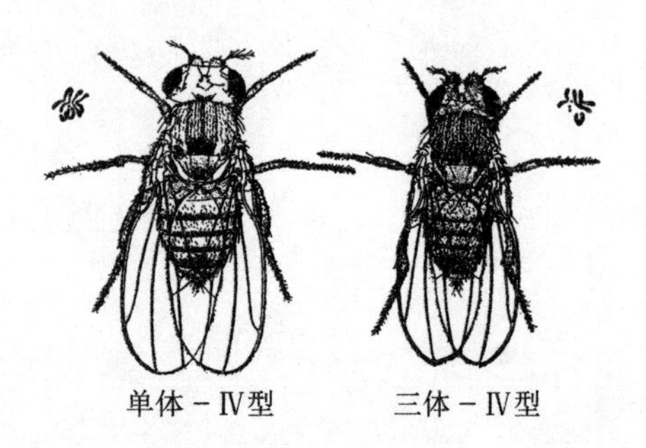

图 4-4　单体 - Ⅳ型雌果蝇与三体 - Ⅳ型雌果蝇

注：图示单体 - Ⅳ型与三体 - Ⅳ型黑腹雌果蝇。二者的染色体群分别标示在图片左上方与右上方。

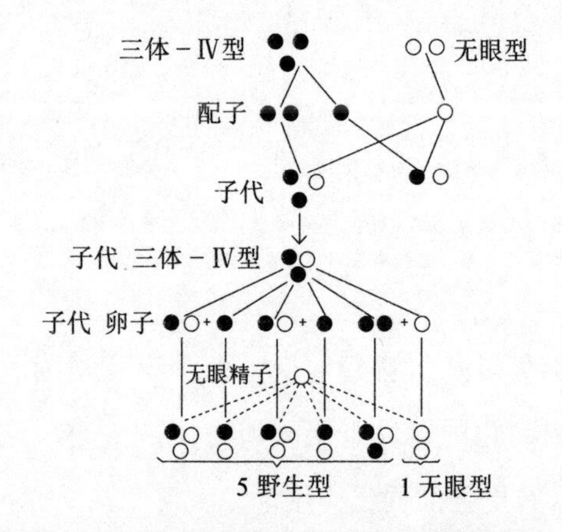

图 4-5　三体 - Ⅳ型雌果蝇与无眼雄果蝇的杂交

注：图上半部为三体 - Ⅳ型与二倍 - Ⅳ无眼型果蝇的杂交，图下半部为子代三体 - Ⅳ型果蝇与二倍 - Ⅳ无眼型果蝇的杂交，产生的野生型与无眼型的比例为 5∶1。

如果三体 - Ⅳ型果蝇与无眼型果蝇（原种）回交，预计会产生五种野生型果蝇与一种无眼型果蝇（图 4-5 下半部），而不是像正常杂合个体与其隐性型回交时那样，按照均等的比例产生后代。图 4-5 说明生殖细胞的重新结合，预计比例为 5∶1。实际得到的无眼型果蝇的数量接近预期的数目。

这些实验和其他同类实验表明，遗传学研究结果检验了第四染色体已知历史的每个要点。没有哪个熟悉该证据的人，对该染色体上存在某些成分与观察结果密切相关有丝毫质疑。

也有证据表明性染色体是特定基因的携带者。果蝇有多达两百种遗传性状属于性连锁。这只是意味着各种性状由性染色体携带，而不是说这些性状只限于某一性别。由于雄性具有两对不同的性染色体（X 和 Y），因此基因排列在 X 染色体上的性状，在遗传的某些方面与其他性状都不同。有证据表明，果蝇的 Y 染色体中没有一个基因能够抑制 X 染色体中的隐性基因。所以，除非 Y 染色体在精子细胞减数分裂时与雄性的 X 染色体成对出现，否则它的作用可以被忽略。果蝇连锁性状的遗传模式已经在第一章中给出（图 1–11、图 1–12、图 1–13、图 1–14）。性染色体的传递模式如图 5–1 所示。后来的实验表明，这些性状是按照染色体的分布方式分布的。

性染色体有时会出现“错误”，这为研究性连锁遗传发生的变化提供了机会。最常见的错误是，在一次成熟分裂中卵子的两条 X 染色体分离失败，这一过程被称为不分离。保留了两条 X 染色体（以及其他染色体各一条，如图 4–6 所示）的卵子与 Y 精子受精，会产生一个含有两条 X 染色体与一条 Y 染色体的雌性个体。当 XXY 雌性卵子成熟，

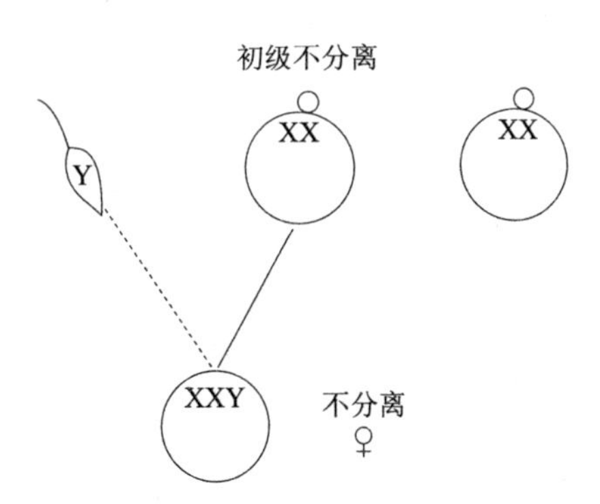

图 4–6 初级不分离，XX 卵子与 Y 精子受精

注：图示 XX 卵子与 Y 精子受精，产生一个不分离的 XXY 雌性。

即染色体进行减数分裂时，两条 X 染色体与一条 Y 染色体的分布很不规则：可能两条 X 染色体接合，剩下的 Y 染色体自由移动到另一端；或者一条 X 染色体与 Y 染色体接合，余下一条自由 X 染色体；也有可能三条染色体都集合在一起，随后分离，其中两条移动到成熟纺锤体的一端，另一条移动到另一端。这一结果在每一案例中都得到验证，预计可以产生四种卵子，如图 4–7 所示。

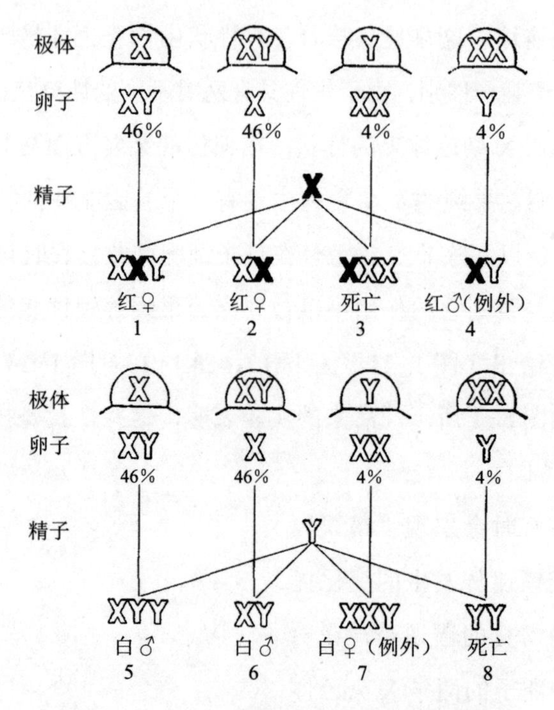

图 4-7　白眼 XXY 雌果蝇与红眼 XY 雄果蝇受精

注：图示 X 染色体携带白眼基因的 XXY 卵子与红眼 XY 雄蝇精子受精。图上部分显示四种可能类型的卵子与雄蝇的红眼 X 染色体的精子受精，图下部分显示同样四种类型的卵子与雄蝇的具有 Y 染色体的精子受精。

为了追踪基因的变化情况，雌蝇或雄蝇的 X 染色体需要带有一个或多个隐性基因。例如，如果雌蝇的两条 X 染色体各携带一个白眼基因，雄蝇的 X 染色体携带一个红眼等位基因，用中空字体表示白眼的 X 染色体，再用黑色字体表示红眼的 X 染色体，就会产生图 4-7 中所示的组合结果。预计会产生八种个体，其中一种为 YY，没有一条 X 染色体，这种果蝇不能存活。事实上，这类个体不会出现。当正常白眼（XX）雌蝇与红眼雄蝇受精时，4 号和 7 号这两类个体也不会出现。不过，它们在这里同时出现，与根据 XXY 白眼雌蝇所预测的结果一致。这得到了遗传学证据的验证，同时发现它们与图 4-7 所示的染色体公式相吻合。细胞学进一步的检验也证明，白眼 XXY 雌蝇细胞中具有两条 X 染色体和一条 Y 染色体。

此外，预计有一种含有三条X染色体的雌蝇，图4-7显示该个体死亡，这在大多数情况下都会发生，不过在极少数情况下也会有个体存活。通过某些特性可以很容易识别该个体，如迟钝、两翅短小且不规则（图4-8），以及无生殖能力。在显微镜下观察其细胞，发现内有3条X染色体。

这一证据表明，X染色体携带性连锁基因的观点是正确的。

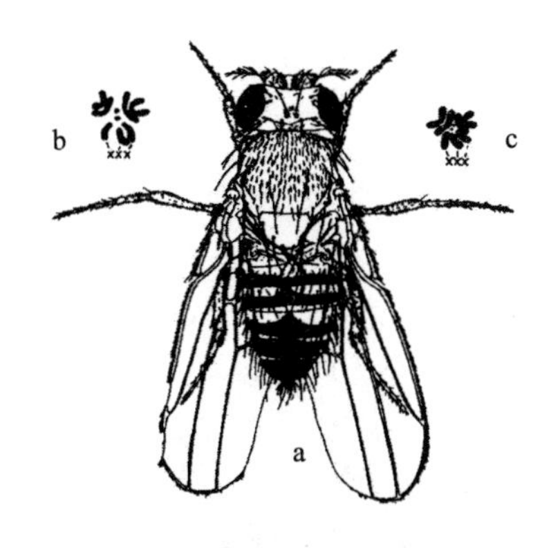

图4-8　超雌型果蝇（2*n*+3X）

注：图示具有三条X染色体的雌蝇（a），携带三条X染色体和其他染色体各两条（如b、c所示）。

X染色体的另一种变体形式也支持这一结论。一种雌蝇的遗传学行为只能基于其两条X染色体附着在一起的假说才能得到解释。在卵子成熟分裂的过程中，两条X染色体聚集在一起，换言之，它们要么都留在卵子中，要么一起移出卵子。（图4-9）使用显微镜进行观察，证明了这些雌蝇的两条X染色体各以一端附着在一起的事实，同时也证明了这些雌性各含一条Y染色体，我们推测这条Y染色体是为了与附着的2条染色体配对而存在的。图4-9给出当雌蝇受精时的预期结果。如果比较幸运的话，附着的X染色体各携带一个黄翅隐性基因。当这类雌蝇与正常野生型灰翅雄蝇交配时，两个黄翅基因的存在使我们可以追踪附着X染色体的遗传历程。例如，图4-9证明成熟分裂后预计会得到两种卵子：一种卵子含有带黄翅基因的双X染色体，另一种卵子含有Y染色体。如果这两种卵子与任何类型的雄蝇受精，X 染色体含有隐性基因的雄蝇优先，将产生四种后代，其中两种不会存活。存活的两种之中，一种是 XXY 黄翅雌蝇，与其母方相同，另一种是 XY 雄蝇，其性连锁性状与父方的相同，因为它是从父方获得的这条 X 染色体。

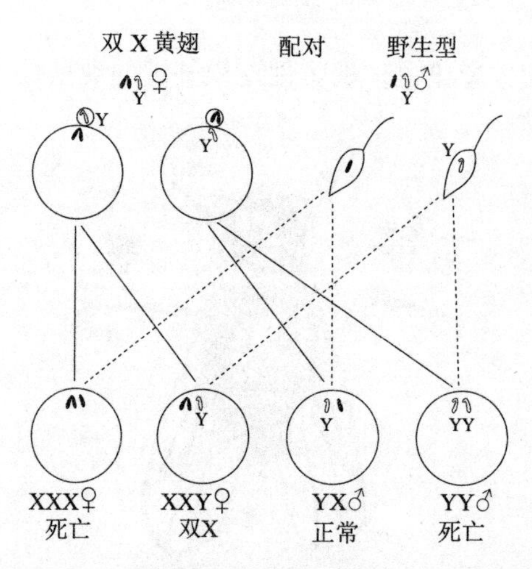

图 4-9　相互附着的双 X 黄翅雌蝇与野生型雄蝇受精

注：图示相互附着的双 X 黄翅雌蝇（双 X 染色体用黑色实体表示）减数分裂后的两种卵子（左上方所示）与野生型雄蝇的两种精子（右上方所示）受精。双 X 雌蝇有一条 Y 染色体，在这里用空心体表示。雄蝇的 Y 染色体也以同样的符号表示。图底部是四种结合类型。

如果带有隐性基因的正常雌蝇与另一种类型的雄蝇受精，产生的结果与上述结果完全相反。这种表面上的冲突，在假设附着 X 染色体的情况下，立刻变得可以理解。对这些双 X 雌蝇所做的细胞学检验，都表明两条 X 染色体是附着在一起的。

第五章
突变性状的起源

现代遗传学研究与新性状的起源密切联系在一起。事实上，孟德尔式的遗传研究只适用于成对相对性状可以被追踪时。孟德尔在其所采用的商品豌豆中发现了这类相对性状，如豌豆的高矮、黄绿、圆皱。以后的研究也广泛地使用了此类材料，不过，最好的材料却是其起源在血缘谱系中容易查实的新型性状。

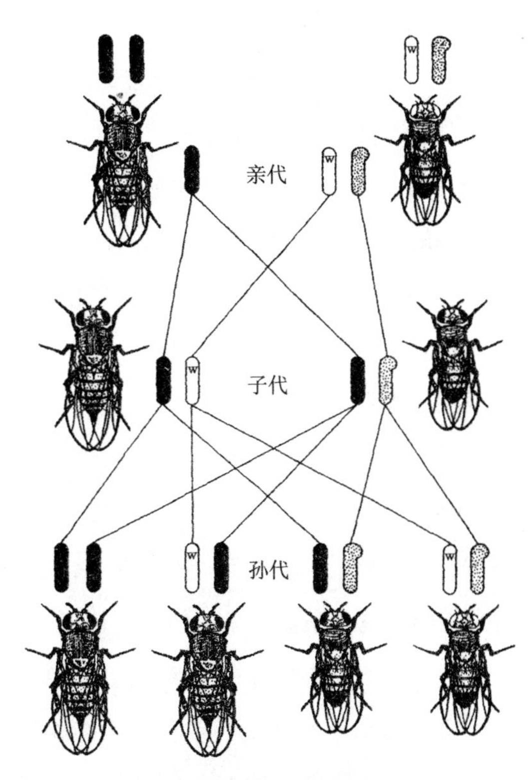

图 5-1　白眼果蝇突变型的性连锁遗传

注：白眼雄蝇与红眼雌蝇交配，黑长条表示携带红眼基因的X染色体，中空条表示携带白眼基因（w）的X染色体，加小黑点的表示Y染色体。

这些新性状大多以完整的形态突然出现，并且像其原型性状一样稳定。例如，当白眼突变果蝇在培养中出现时，只有一只雄蝇。这只雄蝇与普通红眼雌蝇交配时，所有的子代都是红眼。（图 5-1）子代自交，孙代有红眼与白眼两种个体，其中所有的白眼个体都是雄性。

这些白眼雄蝇随后与同一代中不同的红眼雌蝇交配，其中若干对交配果蝇会产生相同数目的白眼果蝇与红眼果蝇后代，无论雌雄。当这些白眼果蝇自交时，会繁育出纯种白眼果蝇。

我们根据孟德尔第一定律对这些结果进行解释，即假定生殖物质中含有促成红眼性状与白眼性状的要素（或基因），它们作为成对的相对要素行动，在杂交种中，当卵子与精子成熟时，这些要素相互分离。

值得注意的是，这一理论并不认为白眼基因单独产生白眼，它只认为因为这一变化，整个原始物质产生了一种不同的最终生成物。事实上，该变化不仅影响到眼睛，也影响到身体的其他部分。红眼果蝇的鞘原本是绿色的，在白眼果蝇里则变成无色。相较于红眼果蝇，白眼果蝇行动更迟钝，存活期也较短。这可能是由于生殖物质的某些部分发生变化，影响到了身体的很多部位。

在自然界中出现的罕见的浅色和白色 *Abraxas* 栗蛾都是雌蛾。白色突变型雌蛾与正常黑色野生型雄蛾交配，得到的后代与黑色型相同。（图5-2）这些子代自交，按照 3∶1 的比例产生旧型与新型。白色孙代个体都是雌性。如果它们与同代雄性交配，某些配对会得到白色雄蛾和雌蛾以及相同数目的黑色型。通过前一种方式，能够培育出来白色原型。

前面两种突变性状对相应的野生型性状起隐性作用，其他突变性状则起显性作用。例如，$Lobe^2$ 眼性状受到眼睛的特有形状与大小的影响（图5-3），只出现了一只果蝇。其半数子代显示出同样性状。在突变型的父方或母方中，有一条第二染色体上的基因一定发生了变化。受精时，含有这一基因的生殖细胞与含有正常基因的细胞结合，出现了第一个突变体。所以，第一个个体是杂交种或杂合子，并且如上所述，当与正常个体交配时，会产生相同数目的 $Lobe^2$ 眼后代与正常眼后代。这些杂合的 $Lobe^2$ 眼个体交配时，会产生一些纯种 $Lobe^2$ 眼果蝇。纯种型（纯合的 $Lobe^2$ 眼）类似于杂合型，不过眼睛通常更小，并且可能会缺失一个或两个眼睛。

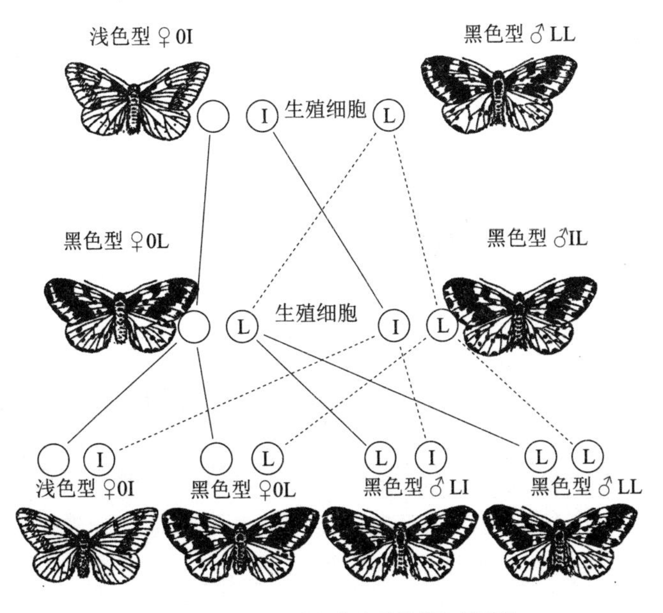

图 5-2 *Abraxas* 浅色突变型的性连锁遗传

注：图示 *Abraxas* 浅色型与正常黑色野生型杂交。携带黑色基因的性染色体用带 L 的圆圈表示，浅色型用带 I 的圆圈表示，没有字母的圆圈表示雌蛾独有的 W 染色体。

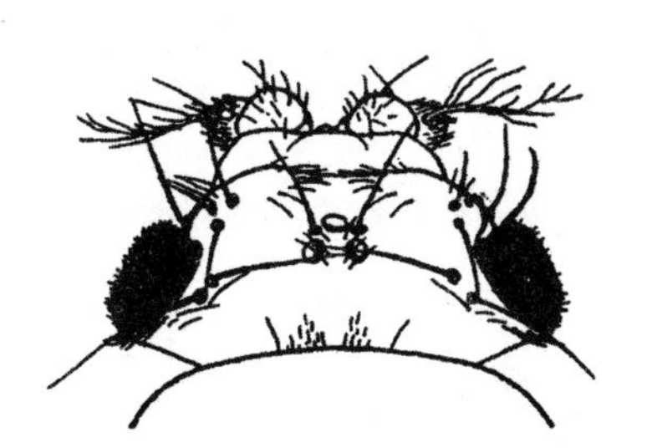

图 5-3 Lobe² 眼突变型果蝇

注：图示 Lobe² 眼突变型果蝇眼小且突出。

一个奇怪的事实是，很多显性突变体在纯合的状态下是致命的。因此，卷翅（图 5-4）这一显性性状在纯合状态下几乎总是致死的。只在极少数情况下，个体才会存活。鼷鼠的黄毛突变体作为双重显性性状时也是致命的，鼷鼠的黑眼白毛突变基因也是这样。在这种情况下，所有这种类型都不能产生纯种原型，除非这个显性性状与另一种致命基因平衡相抵。在它们产生的每一代个体中，都会有一半像它们自己，一半属于其他类型（正常等位基因）。

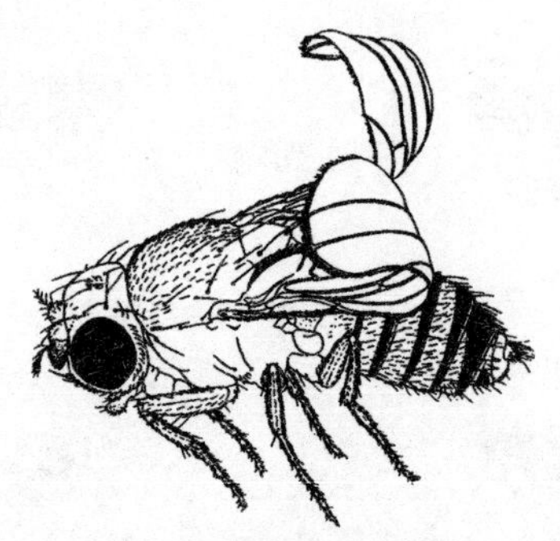

图 5-4　卷翅突变型果蝇

注：图示卷翅突变型果蝇的翅膀末端向上卷曲，同时有些分离。

众所周知，人类的短指（或短趾）是一种突出的显性性状。我们很难质疑在某些产生该性状的家族中，短指（趾）型作为显性突变体出现的事实。

所有果蝇的原种都是突变体。在我们举的例子中，突变体首次出现时都是一个个体。不过，在其他例子中，也有若干新突变型同时出现。这些突变肯定很早就在胚迹中出现了，所以才有若干卵子或精子带有这个突变了的要素。

有时，一对果蝇的子代中会存在 1/4 的突变体，这些突变体都是隐性的。同时，根据证据，这种突变早已在某一祖代中出现了，只是因为是隐性的，所以要等到含有这一突变基因的两个个体会合，才得以显示。这样，在它们的子代中，预计会有 1/4 的个体显示隐性性状。

相较于远亲繁殖纯种，近亲繁殖纯种更有可能产生这一结果。如果是远亲繁殖，那么在两个个体偶然会合之前，这一隐性基因可能已经分布到很多个体中了。

人类身上的某些缺陷性状重现的次数要比突变独立发生时应有的次数多，这很有可能是因为人类的生殖物质中隐含着很多隐性基因。追踪他们的家谱的话，往往能够发现他们的一些亲戚或祖先具有同样的突变性状。如白化人就是一个最好的例子。很多白化人都是由含有该隐性基因的两个纯种产生的，而新的白化基因通常可能是由突变产生的。即便如此，除非与另一相同的基因结合，否则新基因仍然不能呈现出来。

很多驯化的动物与植物都具有多种性状，这些性状会像起源已经确定的突变性状一样遗传。无可辩驳的是，这些性状中有很多是由突然产生的变异造成的，那些通过近亲繁殖得到的驯化类型更是如此。

当然，我们不能由此认定，只有驯化类型才能产生突变体，因为事实并非如此。我们有充分的证据证明：大自然中同样会发生此类突变，只是相对于野生型而言，大多数突变体更衰弱或适应性差，因此在其被辨识出之前就已经消亡了。相反，培养条件下由于保护周密，衰弱类型能够有机会存活；其次，驯化动物，尤其是那些供遗传研究的生物，都经过了严密的检查，同时是我们熟悉的，因而我们可以从中发现很多新类型。

通过研究果蝇原种发生的突变，我们发现了一个奇特的意料之外的事实，即突变只在一对基因中的一个基因内发生，而不是同时在两个基因内发生。到底是什么因素导致一个细胞内的某个基因发生变化，而不引起另外一个相同基因发生变化，这很让人费解。因此，我们推断导致变化的原因在内部，而非外部。有关这一问题，我们以后还会进一步探讨。

在研究突变作用的过程中，我们还注意到另一个事实，即同样一个突变能够一次又一次地不断发生。在果蝇中反复出现的突变如表5-1所示。同类突变重复出现，可知我们处理的是一个独特的、井然有序的过程。这使我们回忆起高尔登著名的关于多面体的比喻——多面体的每一个变化就相当于基因的一个新的固定位置（在这里或者是从化学意义出发的）。必须认识到，我们几乎没有关于突变过程的真实本质的证据。

表 5-1 重现的突变与等位基因系列[1]

基因点	重现总次数	鲜明的突变型	基因点	重现总次数	鲜明的突变型
无翅	3	1	致死 -a	2	1
无盾片	4±	1	致死 -b	2	1
棒眼	2	2	致死 -c	2	1
弯翅	2	2	致死 -o	4	1
二裂脉	3	1	叶状眼	6	3
双胸	3	2	菱眼	10	5
黑身	3+	1	紫褐色眼	4	1
短毛	6+	1	细翅	7	1
褐眼	2	2	缺翅	25±	3
宽翅	6	4	粉眼	11+	5
辰砂色眼	4	3	紫眼	6	2
翅末膨大	2	2	缩小	2	2
无横脉	2	1	粗糙状眼	2	2
曲翅	2	2	粗糙眼	2	2
截翅	16+	5+	红宝石色眼	6	2
短肢	2	2	退化翅	14+	5+
短大体	2	1	暗褐体	3	2
三角形脉	2	2	猩红色眼	2	1
三角状脉	2	1	盾片	4	1
二毛	3	3	乌贼色眼	4	1
微黑翅	6+	3	焦毛	5	3
黑檀色体	10	5	星形眼	2	1
无眼	2	2	黄褐体	3	2
肥胖	2	2	四倍性	3	1
叉毛	9	4	三倍性	15±	1
翅缝	2	1	截翅	8±	5
沟形眼	2	2	朱眼	12±	2
合脉	2	2	痕迹翅	6	4
深红眼	5	3	白眼	25±	11
单体 - Ⅳ	35±	1	黄身	15±	2
胀大	2	1			

突变型中引用最多或作为遗传学资料的，一般是那些极端的变化或

[1] 该书表格中的数据信息都来自原著，后面表格中的信息来源便不再赘述。——译者注

畸形，于是人们产生了突变型与原型之间存在巨大差异的感觉。达尔文曾提到一种激烈突变的飞跃。他指出躯体中一部分的巨大改变，很可能会导致机体不能融入已经适应的环境，所以不承认它们是进化的材料。如今，我们一方面充分认识到达尔文的观点在解释导致畸形的激烈变化上的正确性；另一方面，我们也认识到轻微的细节变化与巨大的变化一样，都是突变的某种特征。实际上，研究已经多次证明：一部分稍大或稍小的微小变化，也可以源于生物内的某些基因。既然只有从基因转化而来的差异才可以遗传，那么结论似乎是：进化一定要通过基因变化才可以进行下去。不过要指出的是，这些进化性变化与我们通常所看到的由突变带来的变化是一样的。有可能野生型基因有着与其不同的起源。实际上，人们默认这一观点，有时甚至积极地主张它。因此，找出究竟有没有证据支持该观点，是具有重大意义的。德弗里斯（De Vries）著名的突变论的早期论述，从表面上看似乎意味着新基因的产生。

突变论指出：机体的性质是由不同的单元组成的，这些单元结合成群，在同属异种的物种中，相同的单元与单元群重复出现；在单元与单元之间，就像化学家口中的分子与分子之间一样，是无法看到动植物外形上所表现出的那种过渡阶段的。

“物种间并不存在连续的联系，而是各自起源于突变或层级。每一个新单元加入原有单元中，由此构成一个层级，新类型就作为一个独立种属与原物种分离。新物种表现为一个突然的变化。这一情况的发生，既没有多少准备，也不存在明显过渡。”

通过上述观点，似乎可以说一个突变就可以产生一个新的初级物种，而这一突变之所以发生，是由于一个新要素即新基因的突然出现或创造。另一种表述是，从突变中，我们看到一个新基因的产生，至少是观察到了该基因的活动，世界上现存的活动基因的数目因此增加了一个。

在突变论的最后几个章节，以及之后的关于“物种与变种”的演讲中，德弗里斯进一步推进了他对突变的理解。他承认存在两种作用：一种是增加一个新基因，因此产生一个新物种；另一种是原有的一个基因不再活动。目前我们只注意第二种理解，虽然用词不同，但其实质上就是当前那种认为培养的新类型起源于一个基因的缺失的观点。实际上，德弗里斯把通常观察到的不管显性还是隐性的突变的缺失，都纳入了这一范畴。只是由于各基因不再活动，因而全都默认为隐性。德弗里斯认为由于存在成对的相对基因，即活动基因及与其相配的不活动基因，所以孟德尔式的结果都属于第二种情况。成对的两个基因相互分离，产生孟德尔式遗传特有的两种配子。

德弗里斯认为这一作用意味着进化中的一步倒退而非进步，并由此产生了一个“退化变种”。正如我们所讲的，这种解释与目前认为突变起源于一个基因缺失的说法类似，二者原则上是一致的。

因此，检查德弗里斯推进其突变论的那些证据，是很有必要的。

德弗里斯在荷兰首都阿姆斯特丹附近的一处荒原中，发现了一簇拉马克待宵草（Oenothera Lamarkiana，图 5-5 左），其中有几株与正常型存在差异。他把其中几株移植进他的苗圃，发现它们大多能产生与自己类型相同的子代。他又尝试繁育拉马克待宵草的亲型，结果每一代都会产生少数的同样的新型，总共辨识出九种新的突变型。

图 5-5　拉马克待宵草（左）与巨型待宵草（右）（根据德弗里斯的研究）

现在我们知道，这些新类型中有一种是由染色体加倍产生的，这就是巨型待宵草（图 5-5 右）。有一种是三倍型，叫作半巨型待宵草。还有几种，是因为多了一条额外的染色体，即为Lata型与Semi-lata型，至少有一种*brevistylis*与果蝇的隐性突变一样，是基点突变。德弗里斯所引用的一定是*O. brevistylis*与隐性突变型的残余。[1]现在看来，这一残余（隐性突变体）与果蝇的突变型基本吻合，只是这种情况基本上在每一代都会重现，这与果蝇及其他动植物中的突变截然不同。一种可能的解释是：存在与这些隐性基因紧密连锁的致死基因。只有这些隐性基因通过交换脱离其周围的致死基因时，该隐性基因才得到表现的机会。果蝇与待宵草相类似的是，有可能产生含有隐性基因的平衡致死纯种。只有发生交换时，这些隐性基因才会重现，其重现频率受到致死基因与隐性基因之间距离的影响。

目前已经发现，野生待宵草的其他物种也会表现出与拉马克待宵草一样的行为，因此，拉马克待宵草的遗传属性与其杂交种的起源无关（像我们推想的那样），而是基本上由隐性基因与致死基因连锁导致。突变型的出现，代表各基因脱离其附近的致死基因连锁[2]的过程，而并不代表产生突变基因的突变过程。

因此，拉马克待宵草的突变过程与我们所熟知的其他动植物的突变过程并不存在本质上的差异。换句话说，除了拉马克待宵草的某些隐性突变基因因为与致死基因连锁而不能表现外，没有任何证据支持拉马克待宵草的突变过程与其他动植物的突变过程存在本质上的差异。

综上所述，我认为即便待宵草中出现某种新型或进步型，也不必因此而假设增加了一个新基因。德弗里斯设想的进步型，或许是因为在正常染色体之外增加了一整条染色体，我们将在第十二章谈论这一问题。现在我们只要指出，没有理由断定新物种的产生通常要经过这一途径。

---

[1] 德弗里斯与施通普斯（Stomps）认为巨型待宵草的一些特征起源于染色体数目之外的其他因素。

[2] 沙尔（Shull）根据致死连锁假说，解释拉马克待宵草出现隐性突变型的现象。埃默森（Emerson）最近指出，沙尔的证据不是完全充分的，却可能是合理的。德弗里斯在近来的一些论著中似乎不反对运用致死连锁假说解释他要置于“中央染色体”之中的某些经常出现的隐性突变型。

第六章

隐性突变基因的产生是由基因缺失引起的吗？

孟德尔没有考虑基因的起源和性质问题。在他的公式里，他用大写字母表示显性基因，小写字母表示隐性基因。纯合的显性为AA，纯合的隐性为aa，杂交种或子代为Aa。在实验用的豌豆里，黄和绿、高和矮、圆和皱等性状都已经存在，所以并不构成起源的问题。直到需要考虑突变型与野生型之间的关系时，突变型的起源问题才受到人们重视。有一个特殊的例子，即家鸡的玫瑰冠和豆状冠，似乎与把隐性基因阐释为损失或缺失的观点有一定关系。

图6-1　家鸡的冠型

注：a为单片冠，b为豆状冠，c为玫瑰冠，d为核桃冠（豆状冠与玫瑰冠杂交产生的杂交种或子代）。

某个品种的家鸡具有玫瑰冠，并繁殖出玫瑰冠后代；另一品种具有豆状冠，并繁殖出豆状冠后代。两个品种杂交，杂交子代具有新类型的核桃冠。（图6-1）核桃冠子代交配，孙代中得到核桃冠9、玫瑰冠3、豆状冠3以及单片冠1。这些数据证明存在两对基因，即玫瑰冠与非玫瑰冠、豆状冠与非豆状冠。单片冠可以理解为既非玫瑰冠，也非豆状冠，当时把这种情况解释为玫瑰基因与豆状基因的缺失。但是，这两种基因的缺失并不一定意味着这两种基因的等位基因也不存在。等位基因也许只是没能产生豆状冠与玫瑰冠的其他基因。

从另一个角度表述上述结果，更能说明其中的情况。据说家鸡是从野生原鸡进化而来的。假设原鸡具有单片冠，同时假设某一原鸡的基因在某一时期发生了某种显性突变，于是出现了豆状冠；在另一时期，另一原鸡的基因发生了另一种显性突变，于是出现了玫瑰冠。据此推测，在前述杂交中，单片冠孙代是原鸡的这两个野生型基因存在的结果。这样，豆状冠族（PP）会含有野生型基因（rr），由于基因突变就出现了玫瑰冠；同样，玫瑰冠族（RR）会含有野生型基因（pp），由于基因突变就出现了豆状冠。因此，豆状冠族的基因公式为PPrr，玫瑰冠族的基因公式为RRpp。两族的生殖细胞分别为Pr与Rp，其子代应为PpRr。这两种显性基因产生了一种新型冠，即核桃冠。既然子代含有两对基因，其孙代必然存在十六种组合形式，其中一种为pprr，即单片冠。这样，单片冠的产生是参与杂交的野生型隐性基因重新组合的结果。

隐性性状与基因缺失

毫无疑问的是，在存在－缺失理论之下，隐含着这样一种观点，即很多隐性性状都是原型固有的某些性状的真实缺失，又推论出各性状的基因也缺失了。这一观点是魏斯曼关于定子与性状的关系理论的残存理念。

对那些看起来似乎能支持该观点的证据做进一步检验，是很有必要的。

人们可以把白兔、大白鼠或白豚鼠说成是失去了原型所特有的色素。在某种意义上，我们不能否认二者之间的关系，这种表述也没有问题。不过需要注意的是，在很多白豚鼠的脚上或脚趾上，还保留着少许有色毛。如果产生色素的基因真的不存在，而毛的颜色又取决于该基因的存在，那么就难以解释有色毛的存在了。

有一种果蝇突变族只有翅的痕迹，称为痕迹翅（图 1-10）。但如果该型幼虫在 31℃左右的环境中发育，则两翅就会变长，最长的能达到几乎与野生型翅长相同的程度。如果决定长翅的基因真的不存在，那么高温环境如何促使其重新出现呢？

还有一族精选果蝇，大多数是无眼（图 4-2），少数是小眼。培养的时间越长，这一族的有眼果蝇越多，眼睛的平均体积也越大。基因不可能随着培养时间的延长而发生变化，如果最初产生的无眼果蝇缺失该基因，那么长时间的培养也不会恢复缺失的基因。即便我们假设可以恢复缺失的基因，那么培养时间长的果蝇应该产生更多有眼或更大眼的后代，但是，事实上并没有这样的事情发生。

还有其他隐性突变型，其性状缺失本身并不明显。黑兔相对于灰色野兔而言，黑属于隐性性状。事实上，黑兔比灰兔拥有更多色素。

存在产生纯白个体的显性基因，如白色来亨鸡就是这类基因导致的。这里存在一种相反的观点，据说野生型原鸡有一种抑制白色羽毛产生的基因，失去该抑制基因，就能产生白色羽毛。这种说法看起来能够自圆其说，不过其假设原鸡含有此类基因的说法还是比较牵强的。同时，如果从其他显性性状的角度看，这一观点是站不住脚的，只能算作为了保住该理论而进行的不择手段的臆想而已。

我们应该记得，隐性基因与显性基因的差异大多是勉强划定的。经验表明，性状并不一直是隐性或显性的，相反，在很多例子中，一种性状既不能完全归为显性，也不能完全归为隐性。换一种说法，含有一种显性性状与一种隐性性状的杂交种，大致上是介于二者之间的，即两种基因对所产生的性状都具有一定影响。如果认清这一关系，那么认为隐性基因是一种缺失的基因的理论就有问题了。当然，在这些例子中，也许有一些理由认为杂交种之所以具备中间性，是因为一个显性基因的影响比两个显性基因的弱，但这一解释又引入了一个新的因素，也不能说这一影响真的起源于某种基因的缺失。或许可以迎合这一假设，不过这样做是不必要的。

如果我们承认上述论证成立，那就不必从字面意义上解释隐性基因的含义。不过，近年来出现了另一种对全部基因的影响与性状之间关系的解释。这一解释使反驳存在－缺失理论变得更困难。例如，假设染色体真的失去了一个基因，同时假设当两条此类染色体接合时，个体的某一性状就会改变，甚至缺失。这一改变或缺失，或许可以说是其他全部基因联合产生的影响。促成这一结果的并不是基因缺失本身，而是当某两个基因缺失时，其他基因所施加的影响。这一解释避免了那种相当幼稚的假设，即每一基因都单独代表个体的一个性状。

在探讨这一观点之前，应该指出的是，在某些方面，这一观点与我们所熟知的关于基因与性状之间关系的另一种解释类似，实际上，这一观点是从后一种解释演化而来的。比如，如果我们把突变作用理解为基因组织内部的一种变化，那么当两种隐性突变基因存在时，新性状并不仅仅起源于新基因，还起源于包括新基因在内的所有基因的共同作用，这与原有性状起源于发生突变的原有基因与其他所有基因的共同作用具有相同意义。

简单地说，上述两种解释的意思是：第一种认为当一对基因缺失时，其他所有基因都会出现突变性状；第二种认为当一个基因的组织出现变化时，新基因与其他所有基因共同产生的最终结果才是突变性状。

最近得到的一些证据，虽然不能对上述两种解释提供决定性的依据，但对解决争论中的一些问题也是有一些作用的。因为这些证据揭示了某些没有讨论过的突变的可能性，所以探讨这些证据本身是有必要的。

果蝇中存在几个突变型原种，它的翅端有一个或多个缺口，其第三翅脉更粗（图 6-2），所以统称为缺翅型。只有拥有此种性状的雌蝇能够存活，凡是携带缺翅基因的雄蝇都没有存活。缺翅基因位于 X 染色体上。

缺翅雌蝇的一条X染色体上存在缺翅基因，另一条X染色体则携带正常的等位基因。缺翅雌蝇的成熟卵子中，有一半含有一条X染色体，另一半则含有另一条X染色体。当这种类型的雌蝇与正常雄蝇受精时：含有X染色体的精子与含有正常X染色体的卵子结合，繁殖出正常雌蝇；含有X染色体的精子与含有缺翅X染色体的卵子结合，繁殖出缺翅雌蝇；含有Y染色体的精子与含有正常X染色体的卵子结合，繁殖出正常雄蝇；含有Y染色体的精子与含有缺翅X染色体的卵子结合，其后代不能存活。最终结果是杂交子代的果蝇雌雄比例为2∶1。（图6-3）

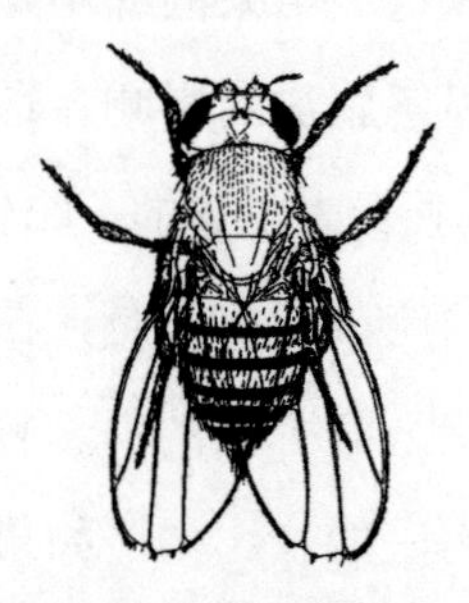

图6-2　缺翅型果蝇

注：黑腹果蝇的缺翅是一种显性的性连锁性状，也是隐性致死性状。

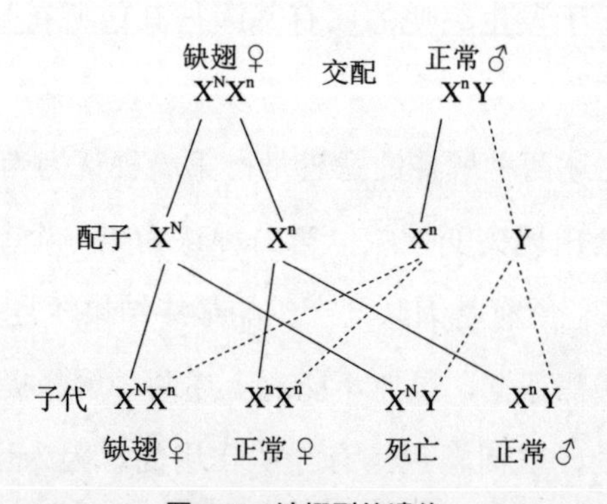

图6-3　缺翅型的遗传

注：图示缺翅雌蝇X^NX^n与正常雄蝇X^nY的杂交，X^N代表缺翅的X染色体，X^n代表另一条含正常等位基因的X染色体。

单就这一证据来说，或许可以认为缺翅基因是一种隐性致死基因，在杂交种体内，起到了显性翅形修饰基因的作用。但是，在之后的研究成果中，梅茨（Metz）、布里奇斯（Bridges，1917）以及莫尔（Mohr，1923）先后证明了，X 染色体上的缺翅突变涉及的范围，要多于普通基点突变影响到的部分。因为如果在一条 X 染色体上相当于缺翅的部分存在隐性基因，而在另一条 X 染色体上有缺翅基因，那么这个个体就会表现出隐性性状，就如同缺翅染色体上的某一段已经缺失或至少失活似的。（图 6–4a）事实上，结果就如同真的发生了缺失一样。在某些缺翅突变体中，缺失的部分长约 3.8 个单位（从白眼基因左侧到不规则腹缟基因右侧，如图 1–19 所示）。在另一些缺翅个体中，缺失部分的单位较少。在任何一种情况下，测试结果似乎都表明，在某种意义上染色体或多或少都已经失去了一小段。

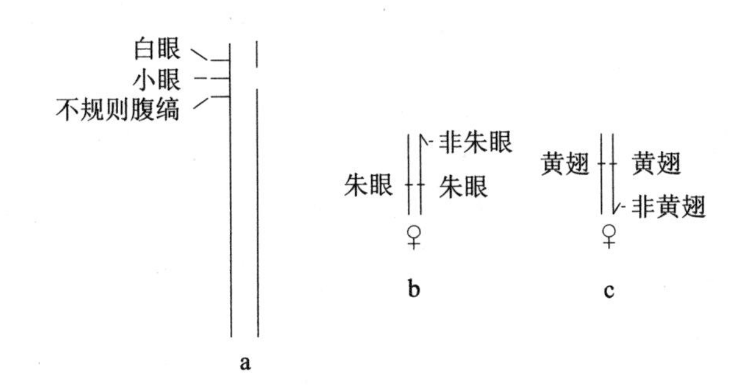

图 6–4　作为缺陷的缺翅，非朱眼的复制，非黄翅的复制

注：a 显示缺翅染色体上基因的位置：a 右所示的染色体的断裂处为缺翅，a 左所示为一条染色体上白眼、小眼与不规则腹缟三种隐性基因与缺翅相对的位置。b 显示一段染色体易位到另一条染色体上：两条 X 染色体各含有朱眼基因，其中一条与朱眼的正常等位基因，即非朱眼基因的一段相连接。c 显示两条含有黄翅基因的 X 染色体，其中一条与黄翅的正常等位基因，即非黄翅的一段相连接。

正如前面提到的，一些隐性基因与缺翅基因相对时，就会出现它们的隐性性状。不管是把这些隐性基因看成缺失，而由其他所有基因产生影响，还是认为这些隐性基因与其他所有基因一起产生影响，两种说法都与事实相符。实验结果不能判定二者谁对谁错。

但是，这一区域中的两个隐性基因产生的性状，与一个隐性基因和缺翅基因缺失所产生的性状之间存在着微小差异。这一差异的存在，或许是由于一种缺失基因（缺翅）加上一个隐性基因，而并不是由于两个隐性基因。但是，进一步的研究证明，在缺失的缺翅一段中，缺少了某些基因，而在隐性基因中，却含有这些基因，二者的差异可能是由这些基因的存在或缺失导致的。

在上述例子中，只是根据遗传学证据，推导出缺翅突变体的 X 染色体少了一段，还不能从细胞学方面予以证明。下面的例子则证明了一个真正的缺失。

有时果蝇会缺失一条第四染色体（单体 - Ⅳ型，图 4-1），一些突变原种的第四染色体上存在几个隐性基因。我们可以造出一类个体，在它唯一的第四染色体上只有一个诸如无眼的隐性基因。这类个体表现出无眼原种的特征，不过作为一种类型，这要比存在两个无眼基因的情况更极端。可以认为这一差异是由于失去的一条染色体上缺失了其他基因。

在布里奇斯与摩尔根[1]（1923）命名为“易位”的例子中，出现了另外一种关系。易位（根据遗传学证据）指的是染色体的一段脱离了该染色体，重新连接在另一条染色体上。该段染色体继续存在。由于其带有一些基因，所以增加了遗传结果的复杂程度。例如，正常染色体上相当于朱眼基因点的一段，易位连接到另一条 X 染色体上。（图 6-4）一只雌蝇的两条 X 染色体上各含有一个朱眼基因，其中一条 X 染色体与易位的一段染色体相连接。这样的雌蝇在那一段染色体上具有了朱眼的正常等位基因，但其眼睛的颜色仍旧是朱色。如果我们一开始就把朱眼基因当作缺失基因来看待，那么两个缺失相对于一个存在，应该不会成为显性。但是，进一步研究之后，我们可能会得出另一种解释。如果朱眼是由朱眼基因缺失时其他所有基因的联合作用导致的，那么即使存在一个显性的正常等位基因，也会出现同样的结果。这种情况与一条染色体

[1] 即本书作者托马斯·亨特·摩尔根（Thomas Hunt Morgon）。——译者注

上含有一个朱眼基因，另一条染色体上含有朱眼基因的正常等位基因的情况不能等同。

这里提到的两个隐性基因与移接段上的一个显性基因的关系，不是总能引起隐性性状的发育。例如，L.V. 摩尔根（Lilian Vaughan Morgan）报告的另一个易位的例子，X 染色体上相当于黄翅和盾片这两个突变基因所在区域的一段，移接到另一条 X 染色体的右侧。如果一只雌蝇的两条染色体上分别含有黄翅与盾片基因，其中一条 X 染色体与易位的一段相连接，那么该雌蝇就会显现出野生型性状。在这一例子中，移接段上的显性等位基因抵消了两个隐性基因的影响。这意味着，所有其他基因与移接段上的各种基因，联合改变了对显性型发育不利的态势。从以上任一学说的角度出发，都可以出现这种现象。

也有对玉米的三倍体胚乳与一种三倍型动物的研究，探讨的是两个隐性基因与一个显性基因的关系。玉米种子胚乳的细胞核由一个花粉核（含有单倍染色体）与两个胚囊核（分别为单倍）共同构成，最终得到一个三倍型核（图 6-5），随后经过分裂，形成了胚乳细胞的三倍型核。粉质玉米胚乳由柔软轻盈的淀粉组成，石质玉米胚乳由大量角质淀粉组成。如果用粉质玉米做母方（胚珠），石质玉米为父方（花粉），那么其子代种子都含有粉质胚乳。因此，得出的结论是，两个粉质基因对一个石质基因，表现出显性作用。（图 6-6a）如果按照相反方式交配，以石质玉米为母方，粉质玉米为父方，那么二者的杂交子代种子的胚乳都是石质的。（图 6-6b）在这一例子中，两个石质基因对一个粉质基因，也表现出显性作用。这两种基因中，究竟把哪一种当作另一种的缺失，实际上是任意选择的。如果缺失的是粉质基因，那么在第一个例子中，两个缺失对一个存在而言就是显性的，在第二个例子中，两个存在对一个缺失而言也是显性的。

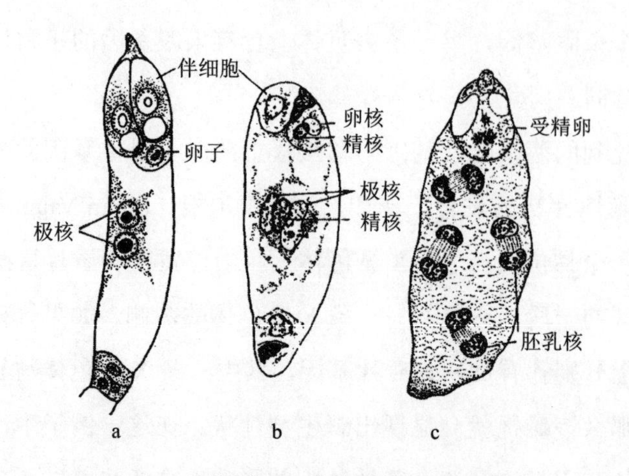

图 6-5　显花植物卵细胞的受精及胚乳的发育

注：a 显示植物胚囊内部卵核受精的三个阶段；b 显示母方两个单倍型核与父方一个单倍型精核；三核结合在一起产生三倍型胚乳，如 c 所示。

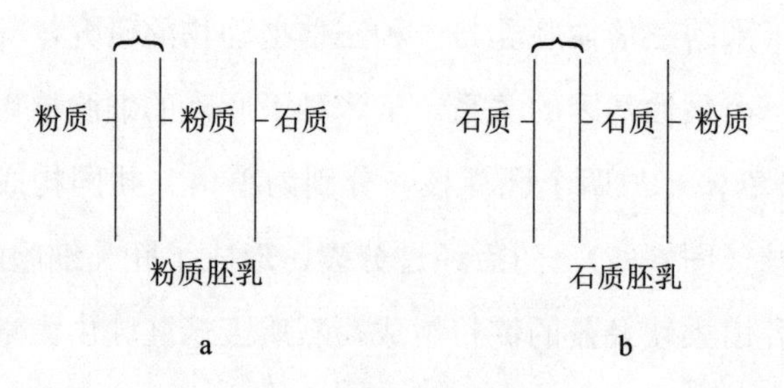

图 6-6　玉米胚乳的三倍型

注：a 显示两个粉质基因与一个石质基因结合，产生粉质胚乳；b 显示两个石质基因与一个粉质基因结合，产生石质胚乳。

要是只从字面意思来解释两个缺失基因比一个存在基因占优势，这种说法没什么意义。不过，就像前面所说的，一个基因缺失时其他基因联合决定粉质性状的说法似乎还有些合理性。或者假设粉质基因存在（由石质基因突变而来），该基因与其他基因一起产生影响，这种说法也行得通。因此，从三倍型胚乳得到的证据，并不能决定隐性基因的某一基因是缺失还是存在的。这就如同一段染色体移接时会增加第三者的易位一样。

有一些关于玉米的例子，其中两个隐性要素对一个显性要素而言，并不占有优势。只是这些例子与当前问题无关。

如果三倍型雌蝇的两条X染色体上各有一个朱眼基因，另一条X染色体上有一个红眼基因，那么将得到红眼性状。在这一例子中，一个显性基因对两个隐性基因占有优势。这一结果与重复段上的一个野生型基因对两个朱眼基因的结果相反。但是，三倍型雌蝇几乎增加了一整条X染色体，重复型果蝇则只增加了一小段X染色体，因此二者存在差异。多出的X染色体上的基因过剩，这可以解释二者之间的差异。隐性基因不管是解释为缺失，还是解释为突变，都是可以说得通的。

回复突变（返祖性）在解释突变过程中的意义

如果说隐性基因的产生是由于基因缺失，那么隐性纯种一定不会再产生原有基因，否则高度特殊的物种居然能够无中生有，这是没有道理的。另一方面，如果突变的发生是由于基因结构发生某种变化，那么似乎不难想象有时突变基因能够恢复原态。或许因为对基因了解得过少，我们不能对这一证据的价值给予过高的估计，但是后一种对返祖性突变体出现的解释更合理一些。遗憾的是，这方面的证据目前还不能令人满意。确实有几个关于果蝇的例子，在隐性突变原种里产生了具有原有性状或野生性状的个体。但是，除非是在控制之下，否则这种事例还不能作为充分证据，因为我们不能忽视隐性原种受到野生型个体影响的可能性。只有在突变原种中有几种突变性状作为标记，并且只有其中一种性状复原，同时周围没有这几个突变体的其他组合形式的情况下，这种回复突变才会作为令人满意的证据。在培养的原种中，只有少数几个例子符合这些条件。这些证据所涉及的范围也表明回复现象是可以发生的。同时，我们也要防止另一种可能性的出现，即存在若干突变原种，在经历一段时间之后，似乎或多或少地丧失了原种的特性，可是在杂交之后，又完全恢复了突变性状。例如，果蝇第四染色体上的弯翅性状（图4–2），原本是不稳定的，很容易受到外界的影响，如果不经过选择的话，其在外貌上就存在原种野生型的倾向。如果此类外貌返祖的果蝇与野生型杂交，其子代再自交，那么在所得到的弯翅孙代中，预计会出现很多具有弯翅性状的个体。在另一种盾片突变原种中，也得到了相同的结果。盾片原种具有胸部缺少一些刚毛的特征。在某些盾片原种中就出现了一些缺失刚毛的个体。从表面看，这一突变体似乎是回到了野生型，但当这类果蝇与野生型原种交配时，却证明不是这样的。在杂交产生的孙代中，盾片性状再度出现。通过这一例子，我们发现盾片之所以会还原为正常性状，是因为一个隐性基因的存在，这一隐性基因在盾片原种的纯合状态下，使其缺失的刚毛再度出现。这一结果关系到我们正在讨论的问题。除此之外，一个新的隐性突变促使原有的突变性状回到原型，这也是一个引起人们兴趣的重要现象。

最后，还有一个奇怪的现象，即棒眼可以还原为正常眼。棒眼（图 6–7a、图 6–7b）是一种显性或半显性性状。很多年来，根据梅（May）与泽莱尼（Zeleny）的观察，我们已经知道棒眼可以还原为正常眼，并且也有人引用这一事例来证明回复突变。回复突变的频率根据原种类型的不同而有所变化，据估算，大约为 1/1600。随后，斯特蒂文特（Sturtevant）和 T.H. 摩尔根发现，在棒眼回复为正常眼时，棒眼基因的周围就会发生交换。斯特蒂文特在确定所发生的变化的性质方面得到了决定性的证据。

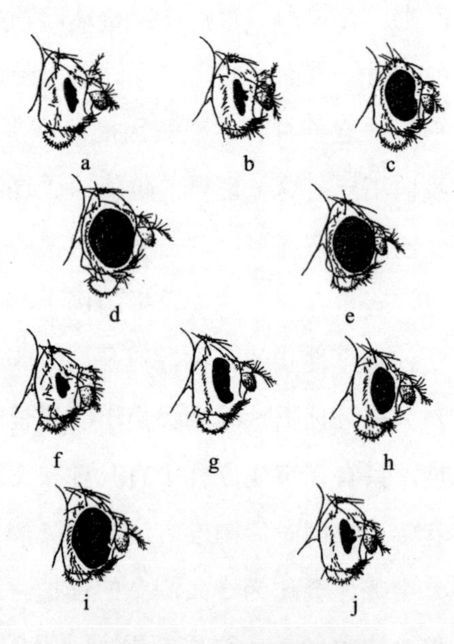

图 6–7　果蝇棒眼类型

注：棒眼的各种类型：a. 纯合的棒眼雌蝇；b. 棒眼雄蝇；c. 棒眼对圆眼的雌蝇；d. 回复作用产生的纯合圆眼雌蝇；e. 回复作用产生的含有一个圆眼基因的雌蝇；f. 双棒眼雄蝇；g. 纯合的次棒眼雌蝇；h. 次棒眼雄蝇；i. 次棒眼对圆眼的雌蝇；j. 双次棒眼雌蝇。

可以通过以下方法证明每次回复都存在交换，即一个叉毛基因紧贴在棒眼基因的左侧（0.2 个单位），另一个合脉基因位于棒眼基因的右侧（2.5 个单位）。一只雌蝇具有如下组合形式：一条 X 染色体上含有前述三个基因，棒眼基因位于叉毛与合脉之间；另一条 X 染色体上不仅含有棒眼基因，还存在叉毛基因和合脉基因的野生型等位基因。（图 6–8）这只雌蝇与叉毛、棒眼、合脉的雄蝇交配，普通子代雄蝇从母方接受一条含有叉毛、棒眼、合脉的 X 染色体，或者接受另一条含有非叉毛、棒眼、非合脉的 X 染色体，其表现出的性状要么是叉毛、棒眼、合脉，要么只有棒眼。当回复突变发生时（虽然很少发生），即圆眼雌蝇个体出现时，就可以发现叉毛与合脉发生了交换。例如，回复的雄蝇要么具有合脉性状，要么具有叉毛性状，但从未出现过同时具有合脉与叉毛性状或者同时具有非叉毛与非合脉性状的情况。因此，母方染色体上的叉毛与合脉基因之间一定发生了交换。叉毛与合脉的交换概率不超过 3%，但这已经囊括了所有回复突变。

图 6–8　棒眼雌蝇在叉毛、合脉上的杂合子与叉毛、棒眼、合脉雄蝇交配

注：图示棒眼雌蝇在叉毛、合脉上为杂合子，该雌蝇与一只叉毛、棒眼、合脉雄蝇杂交。

出于简化情节的考虑，前面只列举了回复型雄蝇的例子。回复型染色体自然也可以进入一个卵子，发育成雌蝇。为了找到回复型雌蝇体内存在交换的证据，我们可以设计一个这样的实验：普通子代雌蝇都是纯合的棒眼（图 6–7a），回复型子代雌蝇是杂合的棒眼，要么加上叉毛，要么加上合脉，既没有同时具有叉毛和合脉的个体，也没有同时具有非叉毛和非合脉的个体。

导致回复为圆眼的交换，一定不只是使一条 X 染色体失去一个棒眼基因，而是一定会将这一基因移放到另一条棒眼染色体上。（图 6-9a）含有两个棒眼基因（双棒眼）的雄蝇，与含有一个棒眼基因的雄蝇，在外观上是比较相似的，只是前者的眼睛相对较小，其小眼的数目也相对较少，这种类型我们称为双棒眼（图 6-7b）。在同一个直线序列上存在着两个等位基因，这一不同寻常的情况在其他突变情形中从未出现过。可以把这一情况解释为：在交换发生之前，原本对立的两个棒眼基因在交换发生时略微移动了位置，结果导致双棒眼染色体上至少延长了一个棒眼基因，而另一条染色体则因为缺失一个棒眼基因而相应地缩短了。

斯特蒂文特用一些具有决定性影响的定性测验来验证回复理论。由棒眼突变得来的一个棒眼等位基因，我们称之为次棒眼（图 6-7g、图 6-7h）。这种类型的果蝇在眼睛的大和小的数目方面都与棒眼型有些微差异。回复现象也会在次棒眼原种中出现（图 6-9b），并产生出类似于野生型的完全圆眼型和双次棒眼（图 6-7j）的新型个体。

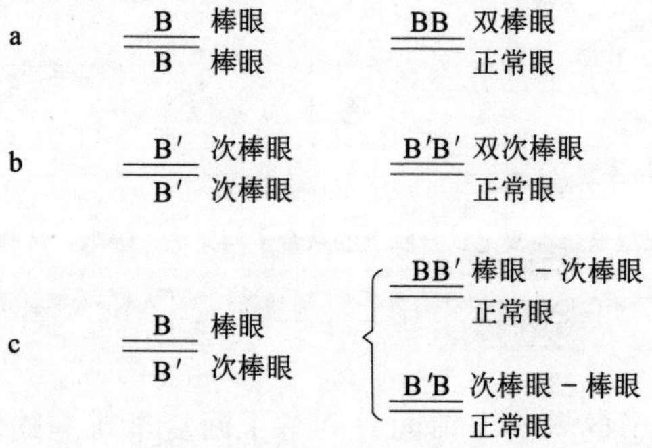

a	B / B	棒眼 / 棒眼	BB / —	双棒眼 / 正常眼
b	B′ / B′	次棒眼 / 次棒眼	B′B′ / —	双次棒眼 / 正常眼
c	B / B′	棒眼 / 次棒眼	BB′ / —	棒眼 - 次棒眼 / 正常眼
			B′B / —	次棒眼 - 棒眼 / 正常眼

图 6-9　棒眼、次棒眼、棒眼 - 次棒眼的交换

注：B 为棒眼基因，B′ 为次棒眼基因。

雌蝇在一条染色体上含有棒眼基因，在另一条染色体上含有次棒眼基因（图 6-9c）。当回复发生时，该雌蝇会产生正常眼型（完全圆眼型）、棒眼 - 次棒眼型或次棒眼 - 棒眼型果蝇（图 6-9c）。

斯特蒂文特也通过棒眼 - 次棒眼型和次棒眼 - 棒眼型证明了如下事

实：如果突变基因全部位于同一条染色体上，那么当棒眼－次棒眼型与正常眼型发生交换时（图 6–10a），会产生叉毛－棒眼型或次棒眼－合脉型；如果在次棒眼－棒眼型与正常眼型之间发生交换（图 6–10b），那么会产生叉毛－次棒眼型或棒眼－合脉型。

因此，我们得知这两种类型中的各个基因不仅保留了各自的特征，也会维持基因之间的顺序。从 fBB′fu 和 fB′Bfu（f 为叉毛基因，fu 为合脉基因）的构成方式，我们可以了解各基因间的顺序。实际上，在全部例子中，B 与 B′的分离都与已经确定了的基因顺序相吻合。

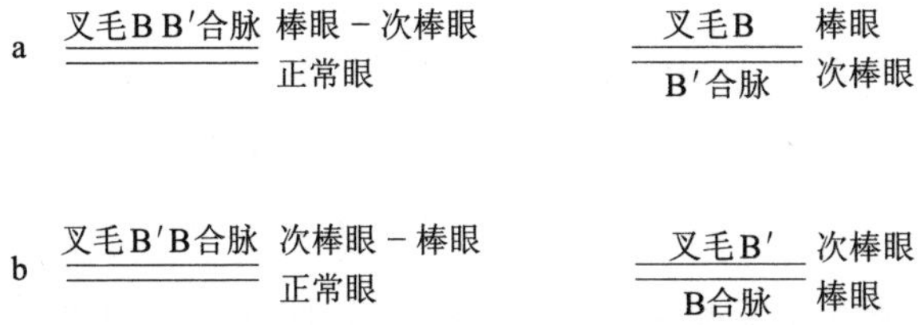

a　叉毛B B′合脉　棒眼－次棒眼　　叉毛B　棒眼
　　　　　　　　　正常眼　　　　　B′合脉　次棒眼

b　叉毛B′B合脉　次棒眼－棒眼　　叉毛B′　次棒眼
　　　　　　　　　正常眼　　　　　B合脉　棒眼

图 6–10　叉毛、合脉上的棒眼－次棒眼杂合子与叉毛、合脉上的次棒眼－棒眼杂合子间的交换

注：a 显示叉毛－棒眼与次棒眼－合脉之间的突变，b 显示叉毛－次棒眼与棒眼－合脉之间的突变。

这些结果为棒眼是因为交换而得以回复这一说法提供了有力的决定性证据。目前，这是唯一的案例。似乎在 X 染色体的棒眼基因点上存在某种特殊情况，促使了等位基因之间发生交换，斯特蒂文特将其称为不等交换[1]。

前述结果还提出了一个问题，即是否所有的突变都是因为交换才出现的。果蝇的例子显然证明了交换不能作为所有突变产生的普遍性解释，因为众所周知，雄蝇是没有交换的，而突变在雌雄果蝇身上都能够发生。

---

[1] 此类关系涉及关于棒眼基因点的若干奇怪的问题。例如，棒眼交换时，在棒眼基因点上究竟存留了什么？是不是棒眼基因缺失？原先的棒眼基因是因为野生型基因突变产生的，还是因为产生了另外一个新的基因？这些问题都是有待探讨的。

多等位基因的证据

在果蝇与少数其他物种（如玉米）中，已经证明同一个基因点可以发生多个突变，最为明显的是果蝇白眼基因点上的一列等位基因。除野生型红眼外，我们已经知道的眼色不少于十一种，形成由白至红逐次加深的等级序列：白色、生丝色、浅色、皮革色、象牙色、曙红、杏红、樱桃红、血红、珊瑚红以及酒红等。这一基因点上率先被发现的突变是白色，但其他颜色并不是按照前述顺序逐一出现的。通过各个眼色的起源以及它们之间的相互关系，我们能够清晰地看到，这些眼色的产生并不是邻近一串基因的突变导致的。例如，如果白眼性状来自野生型某一基因点的突变，同时樱桃红性状来自另一邻近基因点的突变，那么白眼应含有樱桃红的野生型等位基因，而樱桃红也应含有白眼的野生型等位基因，这样，白眼与樱桃红的杂交雌性子代就应该都是红眼。但是，杂交实验的结果却不是这样，雌性子代全部具有中间眼色，雌性子代产生的白眼雄蝇孙代和樱桃红眼雄蝇孙代的数目各占一半。其他所有等位基因也维持着这种关系，任意两个基因都可以在任意一只雌蝇体内同时存在。

按照字面意思理解存在－缺失理论，每一种基因的缺失都不能多于一个。在所有已知的由野生型独立变化出多等位基因的例子中，这样的存在－缺失理论是无法成立的。[1] 不过，也可以按照另一种解释来理解缺失，使其与多等位基因的事实不相冲突。例如，假设每一种突变型在某一基因点上缺失的物质在数量上存在差别，当缺失某一特定数量时，就产生白眼，缺失另一特定数量时，就产生樱桃红眼，以此类推。这一结果似乎与事实不相冲突，不过，值得注意的是，这一假设需要对作为一个单

[1] 如果多等位基因逐一发生，那么每个等位基因自然可能具有先前的一个突变基因。如果确实如此，那么二者杂交时就不会产生野生型。但是，以果蝇为例，每个等位基因都是分别从野生型独立变化而来的，那么，就像文中所解释的那样，这一情况就不同了。

位的基因做略带差异的解释。两个此类等位基因同时存在所产生的“综合体”，预计不能产生野生型，但可以产生其他类型。但是，如果承认了这一点，那么存在－缺失理念在本质上就与突变起源于基因的某种变化的观点相同了。我不认为坚持这一说法，即这一变化一定是基因内部的一部分缺失导致的（所谓基因，就是某一基因点上一定数量的某种物质），与其他说法相比有哪些有利的地方。没有必要采用这种猜测性的说法来解释这些结果。虽然基因可以整个缺失，也可以缺失一部分，但在理论上，基因也许会按照其他形式发生变化。在我们还没有明确所发生的变化究竟是什么之前，局限于一种过程来理解这种变化是没什么好处的。

结　　论

通过分析已知证据，我们发现，认为原有类型中的某一性状的缺失一定要解释成生殖物质中也出现过相应缺失的观点是不具备充足理由的。

即使根据存在－缺失理论的字面意思进行推导，把所假设的性状缺失与基因缺失之间的关系，解释成其他基因施加影响的结果，这种说法与认为突变是起因于基因内部发生的某种变化的观点相比，也不存在优势。其次，虽说逆向突变的出现（棒眼回复的例子除外）还不能完全确定，但与认为基因可以因为其组织内部的某种变化发生突变，而不必有整个基因的缺失的观点大致符合。最后，看起来多等位基因的证据与认为每一个等位基因都起源于同一基因内的一种变化的观点更相符合。

这里阐释的基因理论，是把野生型基因当作染色体上一种长期相对稳定的要素来看待的。新基因的出现，除了认为是起因于旧基因组织内部发生了某种变化之外，目前尚无其他证据说明其原因。总体而言，基因总数在长时间内保持不变，但基因的数量是可以借由整群的染色体加倍或其他某种类似方式而发生改变的。至于这种变化的影响，我们准备在以后的章节中探讨。

第七章
近缘物种基因的位置

德弗里斯的突变理论，除了第五章讨论的特殊解释之外，还假设“初级”物种是由大量同质基因构成的，同时认为这些基因按照不同方式重新组合，导致了“初级”物种之间的差异。近来对同属物种杂交的研究，已经为这一理论提供了一些证据。

研究这一问题最容易的方法是让不同的物种杂交，并在可能的范围内判断它们是否都是由相同数量的同类型基因构成的。但是，这样做存在一些困难。例如，很多物种是不能杂交的，而且有的物种即便可以杂交，得到的杂交种也有一些是没有繁殖能力的。不过，也存在少部分物种可以杂交，并产生具有繁殖能力的杂交种。即便这样，还存在一个困难，即如何从两个物种中分辨出那些以孟德尔式的形式成对出现的性状。每一个例子中的两个物种间存在的各种差异，都受制于很多因子。换言之，在截然不同的两个物种之间，我们很少看到一个差异是起源于一个分化基因的。因此，我们必须通过一个或两个物种中新出现的突变型差异，来为此提供证据。

在若干植物案例与至少两个动物案例中，突变型物种与另一物种杂交，会得到具有繁殖能力的子代。这些子代自交或回交，其结果为确定不同物种间的基因等位关系提供了唯一具有决定意义的证据。

伊斯特（East）使两种烟草 *Nicotiana Langsdorffii* 与 *N. alata* 杂交，其中一株是开白色花的突变型。（图 7–1）虽然其杂交孙代的性状变化不小，但有 1/4 植株仍开白花。由此可知，一个物种的突变基因作用于另一物种的基因，就如同作用于同一物种的正常等位基因一样。

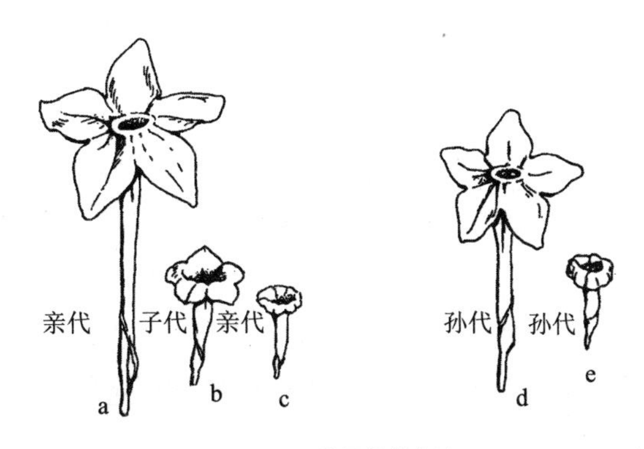

图 7–1　两种烟草的杂交

注：a、c 表示两种原型花，b 表示杂交种花，d 和 e 表示两类孙代回复型花（根据伊斯特的观点）。

科伦斯（Correns）用两种紫茉莉 *Mirabilis Jalapa* 与 *M. longiflora* 杂交。这里选择了 *Jalapa*（*chlorina*）的一个隐性突变体，在其孙代中，这一性状大致会在 1/4 的植株中再度出现。

鲍尔（Baur）用两种金鱼草 *Antirrhinum majus* 与 *A. molle* 杂交。（图 7–2）这里至少采用了 *A. majus* 的五种突变型，各个性状都以所预期的数字在孙代中重新出现。（图 7–3、图 7–4）

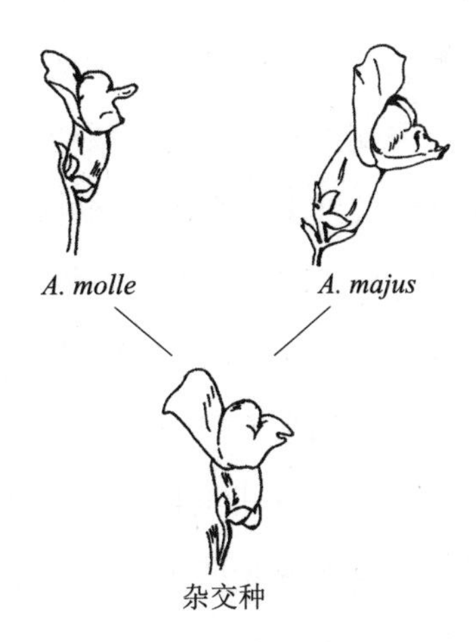

图 7–2　两种金鱼草的杂交及其杂交种

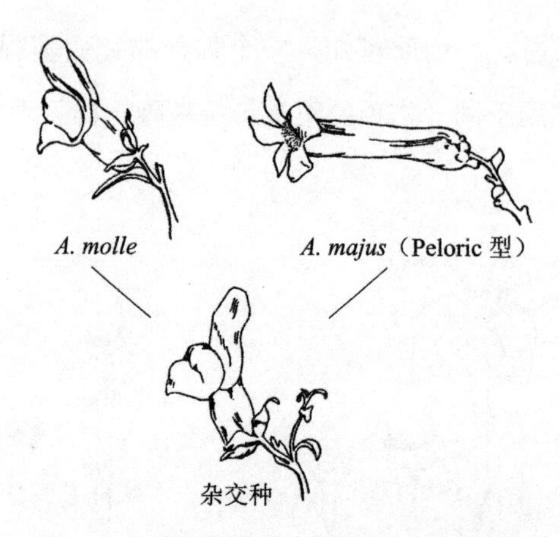

图 7-3　突变型金鱼草与正常型金鱼草的杂交

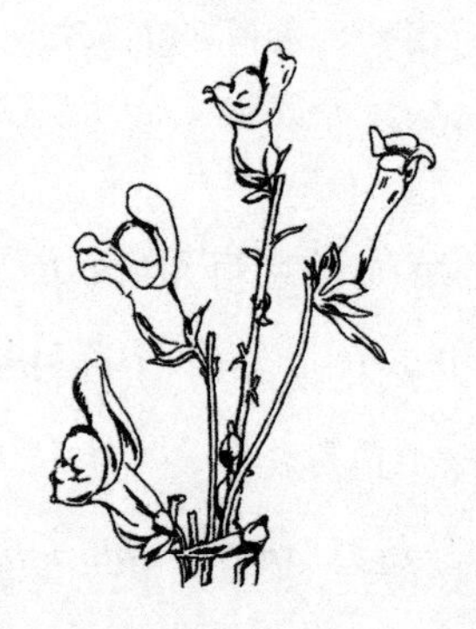

图 7-4　图 7-3 中两种金鱼草杂交产生的不同再合型

德特勒夫森（Detlefsen）用两种豚鼠 *Cavia porcellus* 与 *C. rufescens* 杂交，雄性杂交种没有繁殖能力。再使雌性杂交种与 *C. porcellus* 雄性突变型交配，总计产生七种突变性状。突变性状的遗传与 *C. porcellus* 中的遗传方式是一样的。这一结果再次表明两个物种含有若干相同的基因点。然而，由于还没有对与 *C. porcellus* 的突变性状类似的突变体进行研究，这些结果并不能充分证明两个物种之间存在相同的突变体。

朗（Lang）在对两种野生蜗牛 *Helix hortensis* 与 *H. nemoralis* 所做的杂交实验中（图 7-5），描述了一个非常明确的例子。这一实验表明，一个物种的性状相对于另一物种的性状所表现的显性 - 隐性关系，与同一物种内同一对性状的显性 - 隐性关系是一样的。

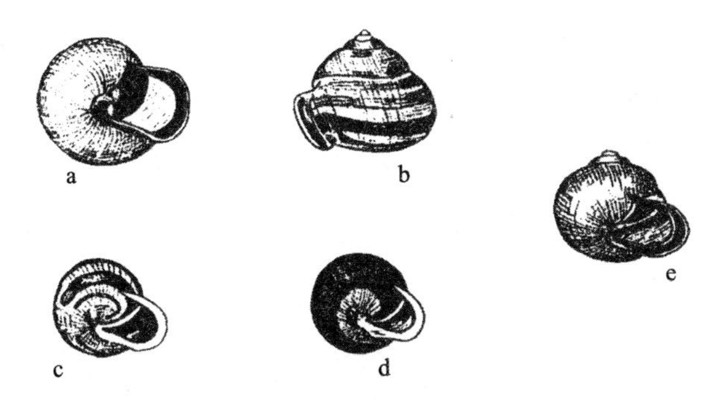

图 7–5　两种蜗牛的变种与杂交

注：a. *H. nemoralis*，00000，黄色，Zurich 型；b. *H. nemoralis*，00345，带红色，Aarburger 型；c. 典型 *H. hortensis*，12345；d. 典型 *H. hortensis*；e. 杂交种，00000（根据朗的研究）。

有两种果蝇外形极其相似，甚至曾被认为属于同种。它们是黑腹果蝇和 *D.simulans* 果蝇。（图 7–6）如果仔细观察的话，我们会发现这两种果蝇之间存在很多不同点。这两种果蝇不容易实现杂交，其产生的杂交种也是完全没有生育能力的。

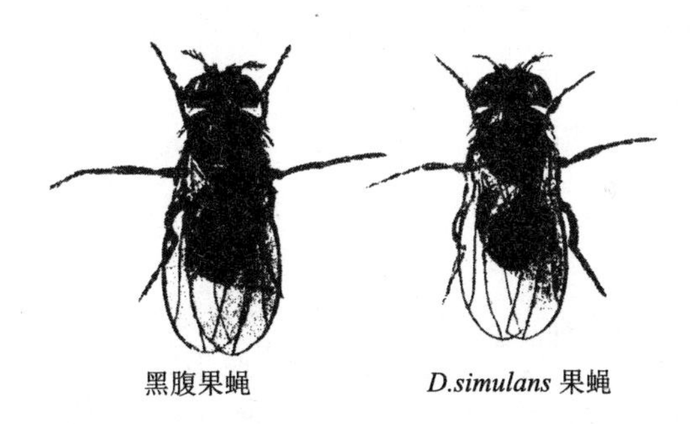

图 7–6　黑腹果蝇与 *D.simulans* 果蝇（二者皆为雄性）

在 *D.simulans* 果蝇中，已知存在四十二种突变型，分别属于三个连锁群。

D.simulans 果蝇有二十三种隐性突变基因在杂交种内仍表现为隐性，黑腹果蝇有六十五种隐性突变基因在杂交种内已被证明是隐性。因此，每一个物种都含有另一个物种中的隐性基因的标准型基因或野生型基因。

在测验过的十六种显性基因中，除一种外，其余杂交种内的基因在本物种中似乎都发挥着同样的作用。因此，这一物种的十六个正常基因，对另一物种的显性突变基因表现为隐性作用。

对 *D. simulans* 突变型果蝇与黑腹果蝇交配的二十个例子所做的检验，已经证明这两个物种的突变性状是一样的。

这一结果确定了两个物种在该突变基因上的同一性，人们也可以借此发现这两种突变基因是否位于同一个连锁群内，以及是否在各群内处于一样的相对位置。斯特蒂文特找出的相同的突变基因点在图 7-7 中用虚线表示。在第一染色体上表现得十分一致，在第二染色体上只体现了两个相同的基因点，在第三染色体上不是很一致。如果我们假设第三染色体上存在一大段倒置，导致了相应基因点的次序颠倒，则可以解释第三染色体上的不一致现象。

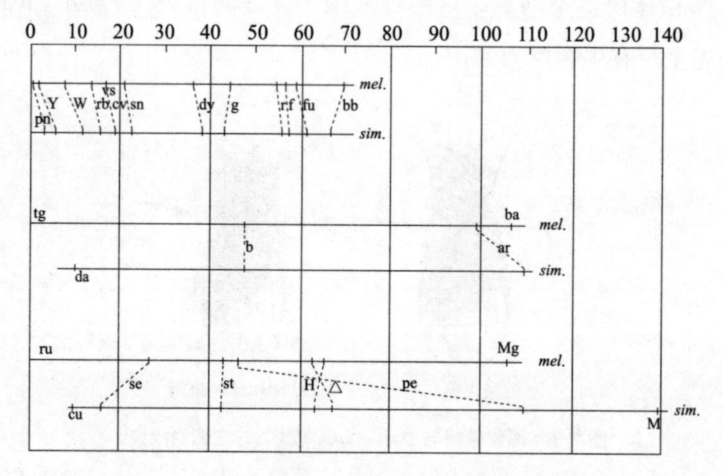

图 7-7　黑腹果蝇与 *D. simulans* 果蝇的同型基因

注：图上部为黑腹果蝇与 *D. simulans* 果蝇第一染色体或 X 染色体上相同的突变基因对应的基因点，图中部为第二染色体上相同的基因点，图下部为第三染色体上相同的基因点（根据斯特蒂文特的研究）。

斯特蒂文特的研究不仅本身很重要，也对如下观点有贡献，即认为不同物种间相似的突变基因，只要在连锁群内位于同样的相对位置，就都是相同的基因。不过，除非它们经过了像对黑腹果蝇与 *D. simulans* 果蝇所进行的杂交检验，否则很难证实其同一性。因为我们已经发现，存在一些相似但不相同的突变类型，并且有的时候它们在同一连锁群内处于相近的位置。[1]

对另外两种果蝇的研究已经发展到一个新的水平，二者间的比较至少是很有意思的。梅茨与魏因施泰因（Weinstein）确定了*Drosophila virilis* 果蝇的几个突变基因的位置，梅茨把*D.virilis* 果蝇的基因群的次序与黑腹果蝇进行了比较，图 7–8 显示*D.virilis* 果蝇的性染色体上有黄身（y）、无横翅（c）、焦毛（si）、细翅（m）与叉毛（f）这五个明显相似的突变基因，以与黑腹果蝇一样的基因次序进行排列。

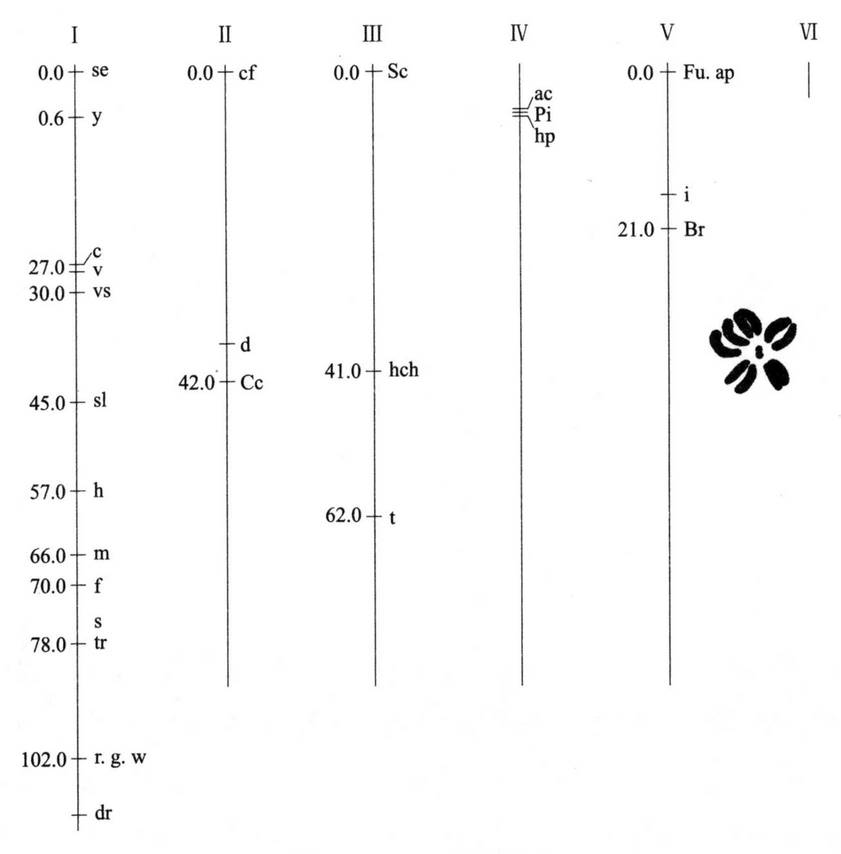

图 7–8 *D. virilis* 果蝇染色体

注：*D. virilis* 果蝇六条染色体上突变基因定位表（根据梅茨与魏因施泰因的研究）。

[1] 考虑到每个基因并不是只发挥一种影响，这些检验工作更有可能使基因被识别出来。

据遗传学数据，另一种果蝇 *Drosophila obscura* 的性染色体比黑腹果蝇的长一倍。（图 7–9）这是很重要的：这条较长的性染色体的中段有黄身、白眼、盾片、缺翅四个突变型基因，与黑腹果蝇较短的性染色体一端的所有同样的突变性状一样。对这一对应关系的解释在兰斯菲尔德（Lancefield）严谨的研究中也有体现。

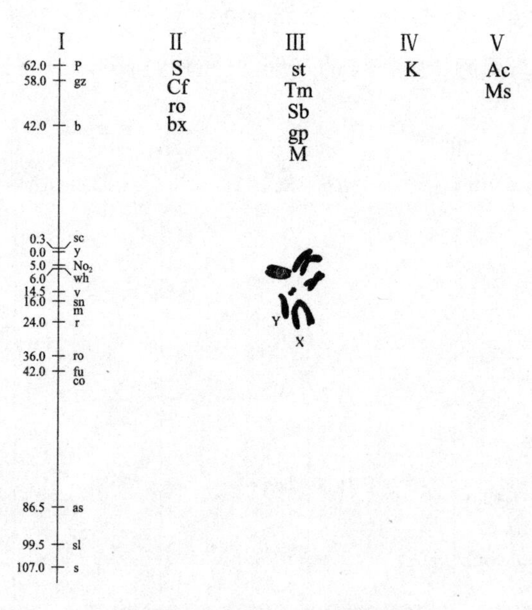

图 7–9 *D. obscura* 果蝇染色体

注：图示 *D. obscura* 果蝇染色体上突变基因的位次表，它与黑腹果蝇吻合的基因点为：sc 为盾片，y 为黄身，No_2 为缺翅，wh 为白眼（根据兰斯菲尔德的研究）。

综合以上各种结果和其他观察结果，我们得出一点认识，即在仅以对染色体群的观察为依据得出描述系统发育的结论时要严谨。因为通过从果蝇中得出的证据可以发现，亲缘密切的物种在同一染色体上的基因也可能存在不同的排列次序。相似的染色体群有时也会含有不同组合的基因。既然基因比染色体本身更重要，那么由遗传组成的最终分析，就必然要取决于遗传学，而非细胞学。

第八章
四倍体

统计过染色体数目的动物有一千多种，植物的种类同样多，甚至更多。有两三个物种只含有一对染色体。另一种极端情况是，有的物种含有一百多条染色体。不管有多少条染色体，每一物种的染色体数目都是一定的。

有时，染色体呈不规则分布状态，其中大多数通常按照某种方法自我纠正。不过也有一两个例子，其染色体数目存在轻微变化。例如，*Metapodius* 可能有一条或几条额外的小染色体，有时是几条 Y 染色体，有时是另一条 M 染色体。（图 8-1）就像威尔逊（Wilson）指出的那样，可以将这些染色体看作无关紧要的无差别形态，因为这些染色体在个体性状上并没有引起相应的变化。

其次，众所周知，几条染色体是可以相互连接的，一条或多条染色体因此减少，一条染色体被撕裂，从而染色体数目暂时增加一条。[1] 在任何一种情况下，所有基因都保留了下来。最后，有的物种雌性会比雄性多出一条染色体。有的物种则相反，雄性会比雌性多一条染色体。这些情况都经过了广泛的研究，也是每位细胞学者所熟知的。因此，这些特

[1] 汉斯（Hance）在描述待宵草的染色体时，指出其有时会断裂。在 *Phragmotobia* 蛾和其他蛾类中，塞勒（Seiler）也阐述了几个例子，其中有的染色体原本在精子与卵细胞内是相连接的，在胚胎细胞内却相互分离。在蜂类的所有体细胞中，我们假定每一条染色体都分裂为两段。在蝇类与其他动物的某些体细胞内，染色体可以分裂，而细胞不分裂，因此，染色体数目会增加 2 倍或 4 倍。

例的存在并不会推翻每一物种都有特定数目的染色体，同时染色体数目也是恒定不变的[1]这一普遍结论。

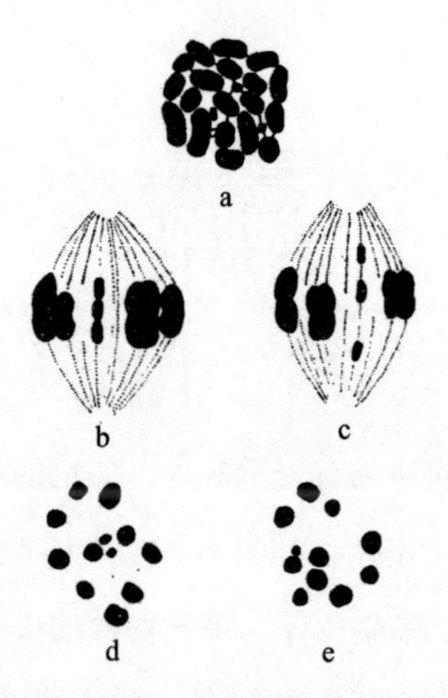

图 8-1　带有 3 条 m 染色体与减数分裂的 *Metapodius* 染色体

注：a 为精原细胞的染色体群，有 6 条小 m 染色体；b、c 为精母细胞的侧视图，3 条 m 染色体相接合，其中 2 条移向一极，1 条移向另一极，如图中 d、e 及 c 的末期赤道板所示（根据威尔逊的研究）。

近些年来，突然出现很多个体，其染色体数目增多 2 倍的例子越来越多，这就是四倍型。也发现了其他多倍型，它们中的一些是自然产生的，其他的是从四倍体中分裂出来的。我们将其总称为多倍体。其中四倍型在很多方面都是最吸引人的。

确定已知的四倍体动物仅有三例。寄生在马体内的一种叫马蛔虫的线虫，共有两种类型，一型含有两条染色体，另一型则含有四条。这两种变体看起来很像，甚至连细胞的大小也差不多。马蛔虫的染色体可以看作一种复合体，是由很多小一点的染色体（有时也被称为染色粒）联

---

[1] 近些年，德拉瓦莱（Della Valle）与奥瓦斯（Hovasse）提出一种观点，他们不承认不同组织细胞内的染色体数目是恒定不变的。这一结论依据的是对两栖类生物的体细胞所进行的研究。但是，两栖类生物的染色体数目很多，并不能精确地辨认出来，因此，他们的研究成果并不能作为推翻对其他生物（甚至包括一些两栖类生物）所做的绝大多数观察的证据，这些生物的染色体数目是可以确定的。

合组成的。在形成体细胞的胚胎细胞中，各个染色体分裂为它的组成部分（图 8-2a、图 8-2b、图 8-3c）。成分的数目是恒定的，或者其数目接近一个常数，二价型成分的数目是单价型的 2 倍。这一结果支撑了二价型染色体的数目比单价型多 1 倍，而不是二价型染色体由单价型染色体分裂而来的观点。

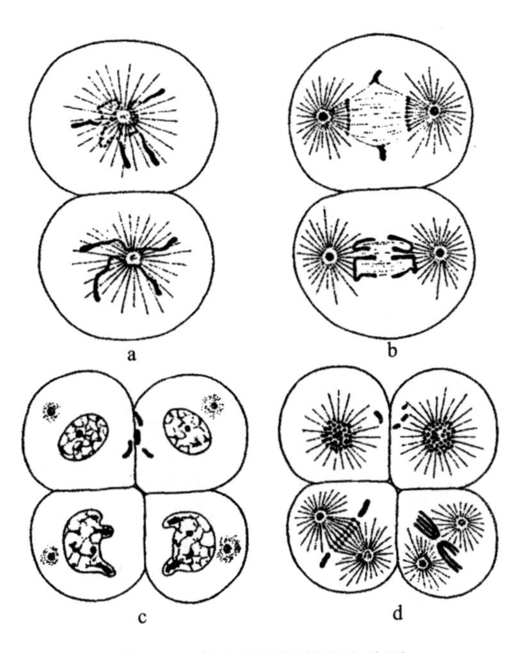

图 8-2　蛔虫卵最初的两次分裂

注：单价型蛔虫的卵子含有两条染色体，图中显示了其最初的两次分裂。a、b 显示染色体在一个细胞内的断裂；d 显示三个细胞的染色体已经断裂，第四个细胞的染色体仍保持完整，后者产生生殖细胞（根据博韦里的研究）。

按照阿尔托姆（Artom）的报告，*Artemia* 海虾有两族四倍体，一族有四十八条染色体，另一族有八十四条染色体。（图 8-3）后一族通过单性繁殖繁育后代。因此，不难得出结论，即四倍型起源于原本为单性繁殖的一族。这是因为如果卵细胞保留一个极体，导致染色体数目增加，或是由于胞核在第一次分裂之后，染色体没有分裂，导致数目增加了 1 倍，那么这种二倍状态是可以存续下去的。

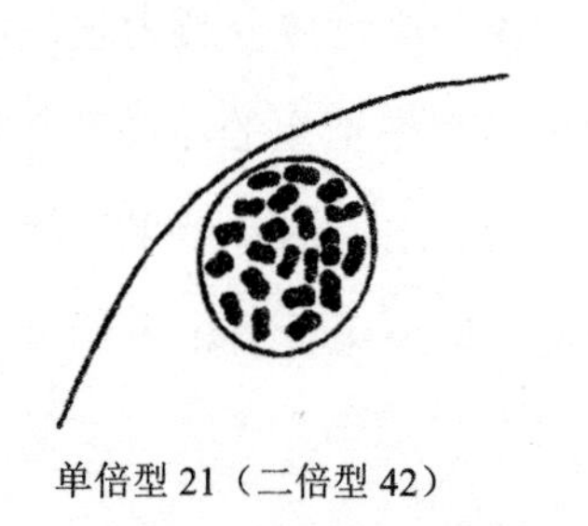

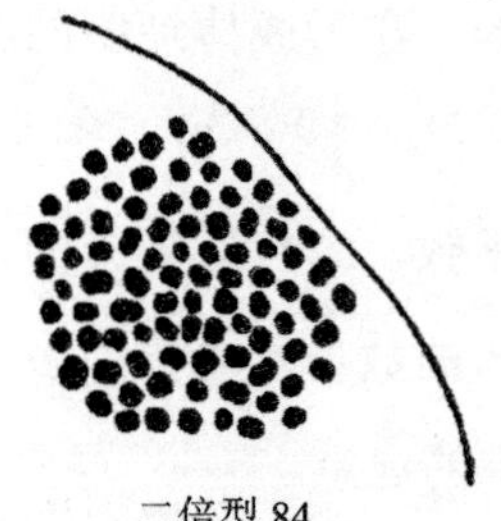

图 8-3 *Artemia salina* 二倍体、四倍体分裂中期的染色体群

最早出现的四倍体植物中，有一种是德弗里斯发现的，其被命名为巨型待宵草（图 5-5）。起初，我们并不知道巨型待宵草是四倍体植物，不过，德弗里斯发现它比亲种（拉马克待宵草）植株更为强壮，在很多其他微小的特征上，二者也存在差异。直到后来，我们才最终弄清巨型待宵草的染色体数目。

拉马克待宵草含有 14 条染色体（单倍数 7）。巨型待宵草则含有 28 条染色体（单倍数 14）。各染色体群如图 8-4 所示。

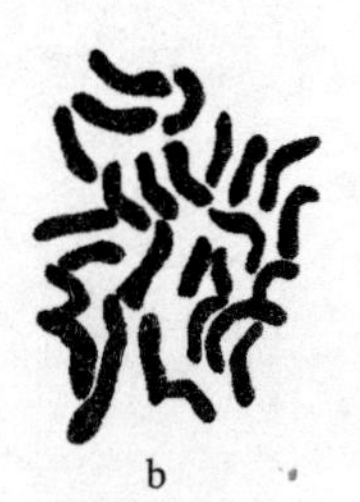

图 8-4 待宵草的二倍与四倍染色体群

注：a 为拉马克待宵草的 14 条二倍体染色体，b 为巨型待宵草的 28 条二倍体染色体。

盖茨（Gates）对各种组织细胞的测量工作表明，巨型待宵草的药囊表皮细胞的体积几乎达到正常型体积的 4 倍，柱头表皮细胞的体积是正常型的 3 倍，花瓣表皮细胞的体积是正常型的 2 倍，花粉母细胞比正常型约长 1.5 倍，花粉母细胞的胞核体积是正常型的 2 倍。有时，这两种待宵草细胞在外观上也存在着明显区别。各种待宵草大致会产生三叶盘状花粉，巨型待宵草的某些花粉却是四叶形。

盖茨、戴维斯（Davis）、克莱兰（Cleland）与布德金（Boedijn）对花粉母细胞的成熟过程进行了研究。根据盖茨的报告，巨型拉马克待宵草一般有 14 对二价染色体（gemini），第一次成熟分裂时，每条二价染色体的两半分别进入一个子细胞。第二次成熟分裂时，每条染色体都纵裂为 2 条，这样，花粉粒就可以各自得到 14 条染色体。我们推测在胚珠成熟过程中发生了同样的事情。戴维斯指出，拉马克待宵草的染色体出现于联合无序状态时，染色体是不规则地相互联合的，而不是平行联合的。然后，染色体分别走向两极，减数分裂过程完成。最近，克莱兰也指出，另一种二倍型物种 *Oenothera franciscana* 的染色体，在进入成熟纺锤体时也是两端相互连接的（图 8−5）。在戴维斯早期发表的图片中，有一些例子也大致是两端连接的。

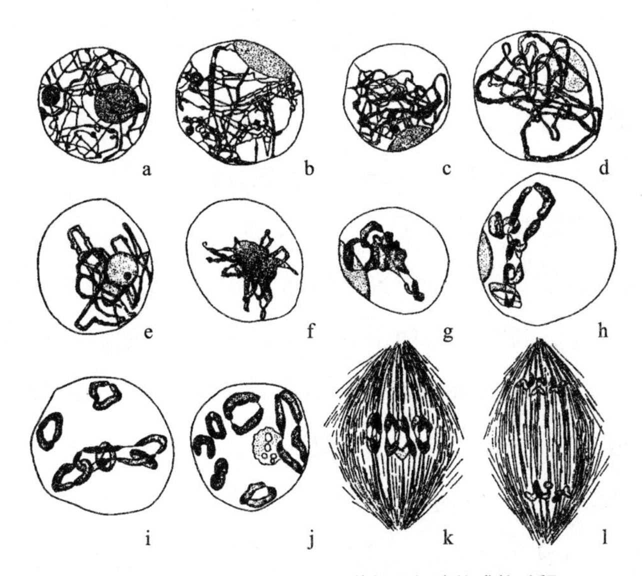

图 8−5　*Oenothera franciscana* 花粉母细胞的成熟过程

近些年，在其他雌雄同株的显花植物中，也发现了一些四倍体。因为此类植株能够同时生成卵子与花粉，所以它们很明显会比雌雄异株的物种产生更多的四倍体。因此，如果植株在最初就是四倍体，那么它会产生具有二倍数目染色体的卵细胞和花粉细胞。自体受精之后，就会产生四倍体。相反，在雌雄异体的动植物中，一个个体的卵子必须与另一个个体的精子受精。如果出现了雌性四倍体，其成熟卵子具有二倍数目的染色体。卵子通常会与正常雄性的单倍体精子受精，结果只能产生三倍体。这种三倍体恢复为四倍体的可能性很小。

培养的四倍体比偶然产生的四倍体，更能够准确地说明四倍体的起源。实际上，我们已经有了一些在人为控制下产生四倍体的例子。格雷戈里（Gregory）发现了两种巨型的报春花 *Primula sinensis*，一种由两株二倍体植株杂交产生。因为亲代含有已知的遗传因子，所以格雷戈里可以研究四倍体中各性状的遗传过程。他的研究结果表明，不能确定四条相似的染色体中，一条染色体是与其他三条染色体中的一条特殊染色体接合，还是与其他三条染色体中的任意一条染色体接合。穆勒（Muller）在分析相同的数据之后指出，与其中任意一条染色体接合的可能性更大。

通过嫁接，温克勒（Winkler）得到一株巨型龙葵 *Solanum nigrum* 和一株巨型番茄 *Solanum lycopersicum*。根据我们已知的，嫁接本身与四倍体的产生没有直接联系。

我们可以按照如下办法得到四倍体龙葵。取下一段番茄幼株，嫁接在龙葵幼茎之上，摘掉龙葵的所有腋芽。十天后，沿着嫁接平面进行横切（图 8-6），自切面愈伤组织中长出若干不定芽。在此基础上发育的植株，会有一株是嵌合体，即一部分组织属于龙葵，另一部分组织属于番茄。把嵌合体取下，让其进行繁殖。产生的新植株中的一些腋芽，就是由番茄的表皮与龙葵的中心柱组成的。把这些枝条取下进行培育。这些幼株与其他确定是二倍体的嵌合体存在差异。人们猜测这种新型也许具备一个四倍型的中心柱，而对其进行检查的结果也证明这一猜测是正确的。截掉嵌合体的顶梢，同时摘去下半部的腋芽，这时就会从愈伤组织的不定芽中长出整体都是四倍型的幼株。图 8-7 右侧显示的是巨型龙葵，左侧显示的是正常型（二倍型）或亲型。图 8-8 右上显示的是巨型花和亲型花，左上显示的是巨型苗木和亲型苗木。

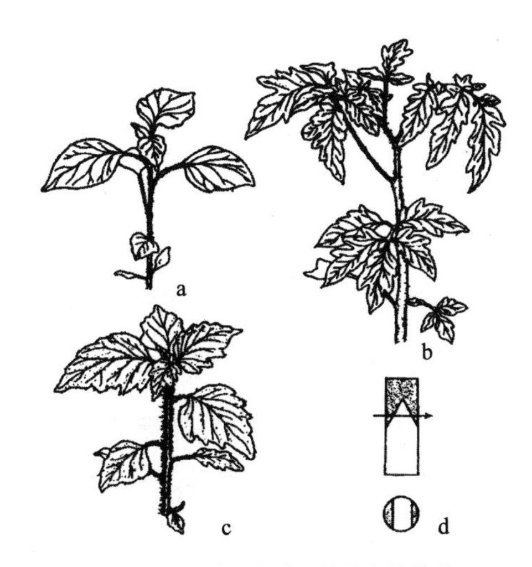

图 8-6 番茄与龙葵的嫁接与嫁接体

注：a 为龙葵苗，b 为番茄苗，c 为巨型龙葵 *Solanum tubingense* 的嫁接杂交种，d 为嫁接方法（根据温克勒的研究）。

图 8-7 龙葵的二倍体与四倍体

注：左图为亲代龙葵的普通二倍体，右图为四倍体（巨型）（根据温克勒的研究）。

图 8-8 下部显示了一些组织细胞之间的差异：左侧为巨型叶与亲型叶的栅状细胞；右侧为两种类型气孔的保护细胞——气孔保护细胞的下方是两型的毛，巨型髓细胞比正常型的略大；中间两图左侧为亲型花粉粒，右侧为巨型花粉粒。

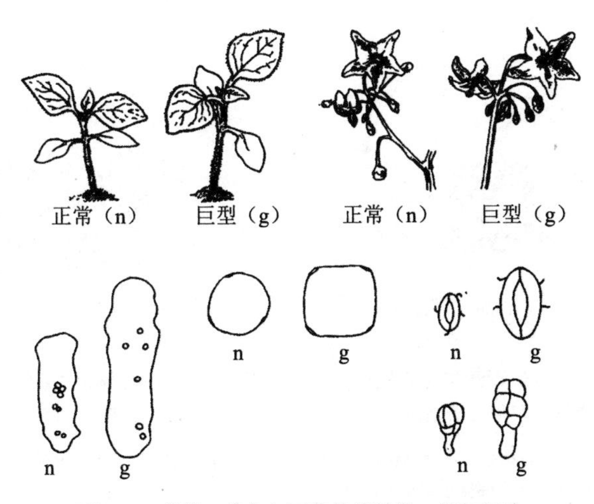

图 8-8 龙葵二倍体与四倍体的秧苗、花与细胞

注：图上部显示龙葵的二倍体和四倍体的秧苗和花朵，图下部显示它们的组织。左上为秧苗；右上为花朵；左下为栅状细胞；中间为花粉粒；右下方，上部为气孔，下部为毛（根据温克勒的研究）。

按照如下方法也可以得到四倍体番茄。取一段番茄幼株，按照一般方法嫁接到龙葵砧木上部（图 8–6），等到二者完全连接之后，横切开二者接合的部分，再摘去砧木上的腋芽。从愈伤组织中长出幼芽并移植幼芽。其中一株的表皮由龙葵的细胞组成，中心柱由番茄的细胞组成，进行检查后发现，植株表皮细胞为二倍型，中心柱细胞为四倍型。横切开嵌合体的茎，同时摘去横切面之下的腋芽，最后从嵌合体中得到整体都是四倍体的植株。这时，横切面上长出新的不定芽，这些芽体从内至外大部分是由番茄组织构成的。巨型番茄植株和其亲型植株之间的差异，与巨型龙葵植株和其亲型植株之间的差异相同。

二倍体龙葵含有 24 条染色体，单倍数 12；四倍体龙葵含有 48 条染色体，单倍数 24。二倍体番茄含有 72 条染色体，单倍数 36；四倍体番茄含有 144 条染色体，单倍数 72。如图 8–9、图 8–10 所示。

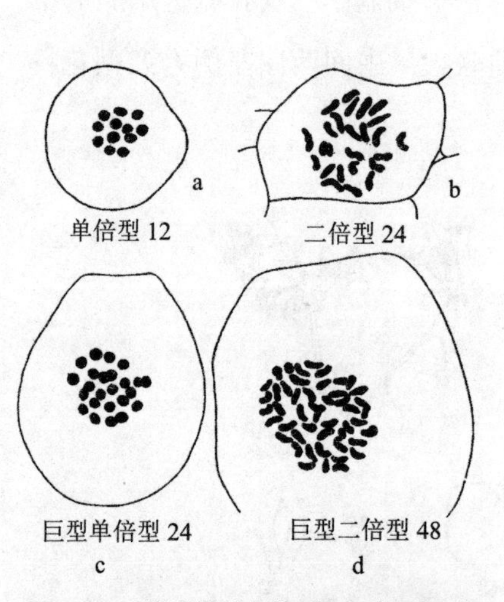

图 8–9　正常龙葵的单倍型和二倍型细胞，四倍体的单倍型和二倍型细胞

注：a、b 为龙葵的单倍型与二倍型细胞及染色体，c、d 为四倍体龙葵的单倍型与二倍型细胞及染色体（根据温克勒的研究）。

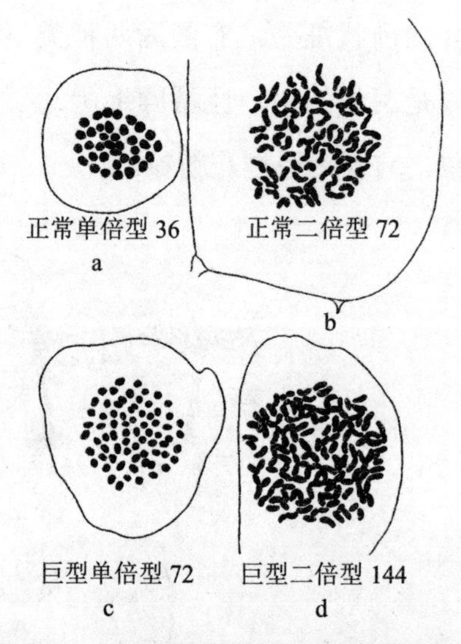

图 8–10　正常番茄的单倍型和二倍型细胞，四倍体的单倍型和二倍型细胞

注：a、b 为番茄的单倍型和二倍型细胞及染色体，c、d 为四倍体番茄的单倍型和二倍型细胞及染色体（根据温克勒的研究）。

正如前面所描述的，到目前为止，我们还不清楚嫁接与愈伤组织内部产生四倍型细胞究竟有哪些明显关联。不能确定这些细胞究竟是如何产生的。也可能像温克勒一直相信的那样，这些细胞是在愈伤组织内部两个细胞融合的过程中生成的。不过，还有一种说法似乎具有更大的可能性，即正在分裂的细胞，其胞质的分裂会受到抑制，导致染色体数目加倍，最终出现四倍型。这类四倍型细胞，要么产生幼株的整体，要么产生其中心柱，要么产生其他任何某部分。

布莱克斯利（Blakeslee）、贝林（Belling）和法纳姆（Farnham）在常见的曼陀罗 *Datura stramonium* 中发现了一种四倍体（图 8-11 下部）。这种四倍体在外形上被描述为在某些方面与二倍体存在若干差异。图 8-12 显示二倍体（第二列）与四倍体（第四列）在蒴果、花和雄蕊这几方面的差异。

图 8-11　曼陀罗的正常型与四倍体

注：上图显示曼陀罗的二倍体植株，下图显示其四倍体植株（根据布莱克斯利的研究）。

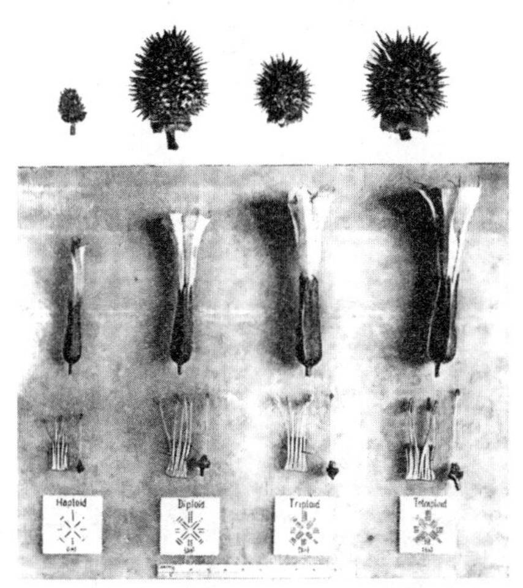

图 8-12　曼陀罗的单倍体、二倍体、三倍体和四倍体

注：曼陀罗的单倍体、二倍体、三倍体和四倍体的蒴果、花和雄蕊（根据布莱克斯利的研究）。

二倍体个体含有 12 对染色体（24 条），根据贝林和布莱克斯利的观点，这些染色体按照体积大小划分为六种尺寸（图 8-13），即特大号

(L)、大号(l)、大中号(M)、小中号(m)、小号(S)、特小号(s),其染色体群的公式为2(L+4l+3M+2m+S+s)。单倍染色体群的公式为L+4l+3M+2m+S+s。这些染色体在第一次成熟分裂时(前期),会按照成对模式形成环状结构,或者以一端相连接(图8-14,第二列)。随后,每一对染色体中,一条接合体移向一极,另一条移向另一极。在第二次成熟分裂前,每条染色体中缢,产生如图8-13a所示的样子。一半中缢后的染色体进入纺锤体的一极,另一半进入另一极。每个子细胞获得12条染色体。

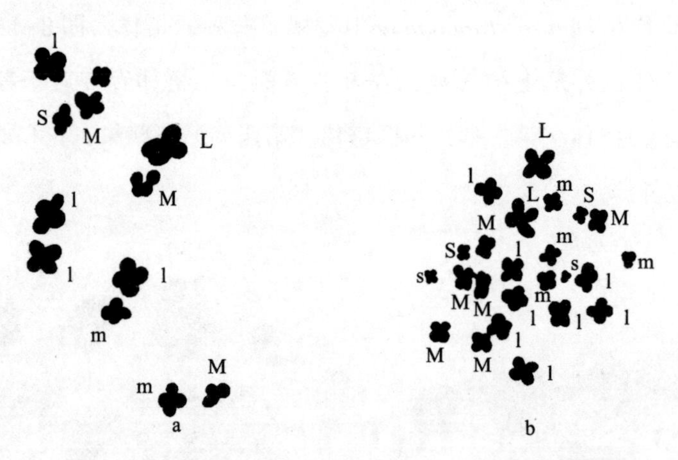

图8-13 曼陀罗二倍体、四倍体染色体群(第二次成熟分裂)

注:a为曼陀罗的二倍体染色体群的第二次成熟分裂中期,b为曼陀罗的四倍体(含有24条染色体)相应的染色体群(根据贝林与布莱克斯利的研究)。

四倍体含有24对,即48条染色体。在进入第一次成熟分裂的纺锤体之前,它们每4条接合在一起(图8-14、图8-15),两幅图中显示四价群内染色体接合的各种不同方式。染色体大致在这种状态下进入第一次成熟分裂的纺锤体。在第一次成熟分裂时,每个四价染色体中的两条进入一极,另两条进入另一极(图8-14)。每颗花粉粒有24条染色体。不过,偶尔也存在其中三条染色体进入一极,另一条进入另一极的情况。

图8-14显示的是第二次成熟分裂时四倍体的24条染色体。这些染

色体与相同时期的二倍体染色体十分相似。每条染色体的一半移向一极，另一半移向另一极。根据贝林的研究，有68%的染色体呈规则分布状态，即每极都得到24条染色体（24+24）。有30%的染色体表现为一极有23条，另一极有25条（23+25）。还有2%的情况是一极得到22条，另一极得到26条。仅有一例是一极得到21条，另一极得到27条。这些结果表明，在四倍体曼陀罗的染色体分布中，不规则的分布状态并不少见。这一结论也可以通过四倍体的自体受精来进一步验证。这样产生的子代成熟之后，对其生殖细胞内的染色体数目进行测算，发现含有48条染色体的有55株，含有49条的有5株，含有47条的有1株。如果卵细胞内的染色体与花粉细胞中的染色体具有同样的分布方式，其结果是含有24条染色体的生殖细胞存活概率最大，并且功能健全。由于增加了额外的染色体，某些含有48条以上染色体的个体，可能产生染色体分布更不规则的新型。

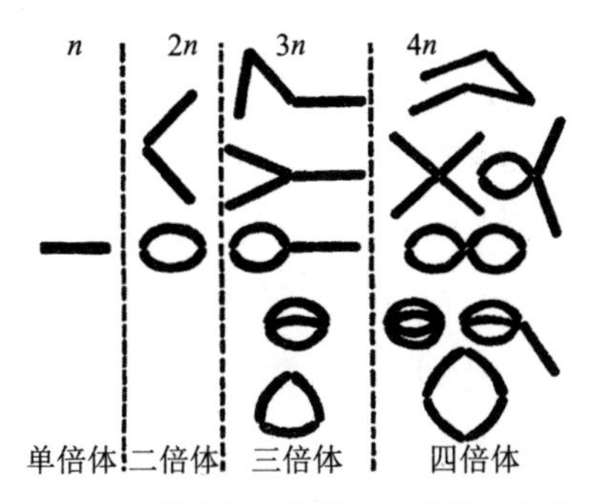

图8-14　曼陀罗二倍体、三倍体、四倍体染色体的接合方法

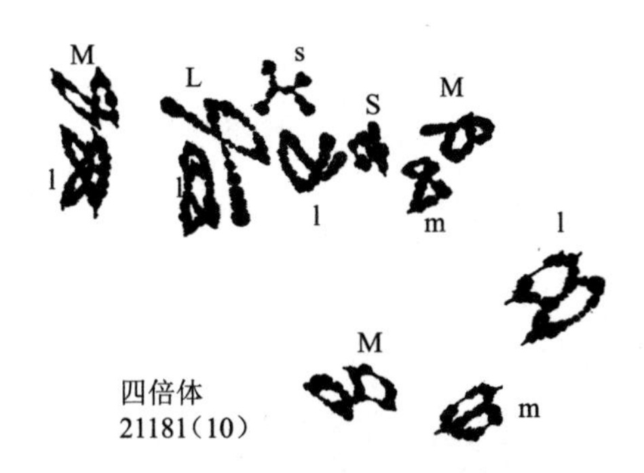

图8-15　四倍体曼陀罗染色体的接合

注：图示曼陀罗四倍体染色体相互接合。4条相同的染色体组合成一个染色体群（根据贝林和布莱克斯利的研究）。

德莫尔（De Mol）报告了一种四倍体水仙 *Narcissus*。其二倍型物种含有14条染色体（n=7），还有培育的两个变种各含有28条染色体。德莫尔指出，直到1885年，主要培育的是矮小的二倍型变种，1885年后才产生了较大的三倍型。最后，大约在1899年，得到了第一株四倍体。

根据朗利（Longley）的研究，墨西哥大刍草 *teosinte* 的多年生型含有的染色体数目，是一年生型染色体的2倍。多年生型含有40条染色体（n=20）（图8−16a），一年生型只含有20条（n=10）(图8−16c)。朗利把这两种大刍草分别与含有20条染色体（n=10）的玉米进行杂交（图8−16b）。一年生型与玉米的杂交种后代含有20条染色体。杂交种的花粉母细胞成熟时含有10条二价染色体，这些二价染色体分裂后分别进入两极，没有停留在中间的。也就是说，一年生型的10条染色体与玉米的10条染色体相互接合了。多年生型与玉米的杂交种含有30条染色体。杂交种花粉母细胞成熟时，其染色体相互接合，有的是两条接合，有的是三条接合，也有单独一条不参与接合的（图8−16ab），这就导致了随后分裂过程中的染色体分布不规则的现象（图8−16ab¹）。

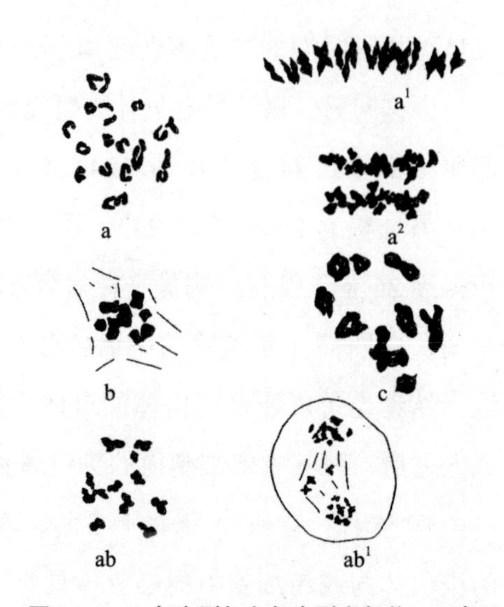

图8−16　一年生型与多年生型大刍草、玉米以及它们的杂交种的染色体群

注：a为多年生型墨西哥大刍草第一次成熟分裂前期，共有19条二价染色体和2条单染色体；a¹为第一次分裂中期；a²为第一次分裂后期；b为玉米的第一次成熟分裂前期，共有10条二价染色体；c为玉米第一次成熟分裂前期，共有10条染色体；ab为多年生型大刍草与玉米杂交子代的杂交种的第一次成熟分裂前期，共有3条三价染色体、8条二价染色体和5条单染色体；ab¹同上，为第一次成熟分裂后期的晚期（根据朗利的研究）。

当雌雄同株的植物的性别决定问题不涉及分化性的性染色体时，它的四倍体既平衡，又稳定。平衡指的是基因之间的数字关系与二倍型或正常型基因的数字关系相同。稳定指的是成熟机制使得该类型只要建立，就会持续存在。[1]

早在1907年，埃利·马沙尔（Élie Marcnal）和埃米尔·马沙尔

[1] 布莱克斯利对这些词语的解释有所不同。

（Émile Marchal）父子就用人工方法培育了四倍体藓类。每一种藓类植株都有两代，一代是产生卵子与精子的单倍型原丝体时期（配子体），另一代是产生无性孢子的二倍体时期（孢子体）。（图 8–17）在潮湿情况下，孢子体的一段能够产生由二倍型细胞组成的细丝。细丝发育成原丝体，原丝体最终将产生二倍型卵子和二倍型精细胞。这两种生殖细胞联合，就会形成四倍型孢子体。（图 8–18）在这一过程中，正常单倍型被二倍型原丝体和藓的植株重复一次，二倍型孢子体被四倍型孢子体重复一次。

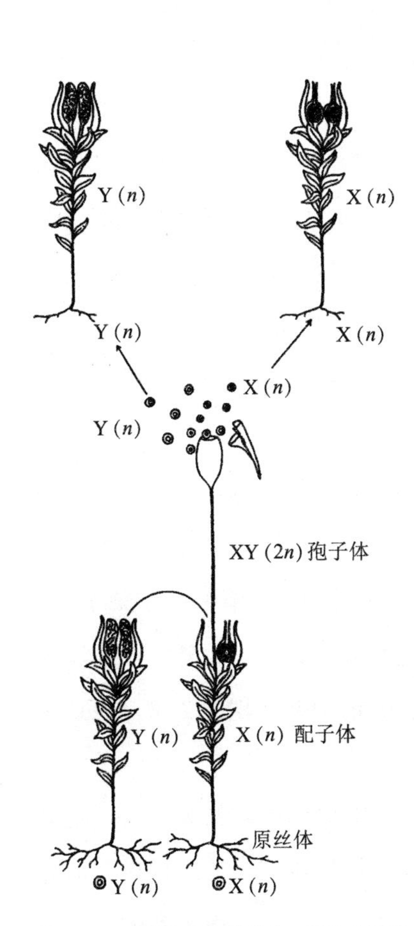

图 8–17　雌雄同体的藓类的正常生命周期

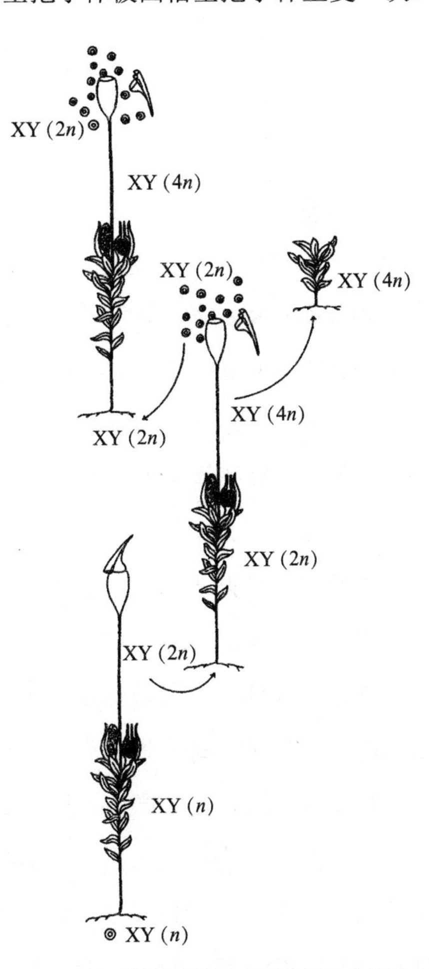

图 8–18　雌雄异体的正常藓类的生命周期

注：一段 $2n$ 孢子体再生，形成二倍型原丝体（$2n$）。$2n$ 配子体自交，产生四倍体或 $4n$ 孢子体。四倍体再生，产生四倍型配子体。

马沙尔父子测量了正常型和四倍体的细胞体积，并进行了比较。正常花被细胞的体积与四倍体花被细胞的体积之比有三种情况，即 1∶2.3、1∶1.8、1∶2。二者的精子器细胞体积之比为 1∶1.8，胞核体积之比为 1∶2，卵细胞体积之比为 1∶1.9。测量精子器（内含精子）和颈卵器（内含卵子），也显示出四倍体的要比正常型的更长、更宽。很明显，四倍体体积的增加是因为其有了较大的细胞。细胞体积增加是因为其有较大的胞核。同时，正如其他例子所证明的，四倍体的染色体数目是正常型的 2 倍。这是可以预想到的，因为四倍体是由正常孢子体再生得到的。

在孢子体世代中，$2n$ 孢子母细胞与 $4n$ 孢子母细胞的体积之比大致为 1∶2。

藓类紧随染色体接合之后的两次成熟分裂，发生于孢子在孢子体内形成之时。每个孢子母细胞产生四个孢子，如果藓类染色体携带基因，那么预计四倍体的所有加倍染色体会产生与正常型不一样的比例。韦特施泰因（Wettstein）在几种藓类的杂交中发现了明显的遗传证据。不过，艾伦（Allen）在几种近缘藓类中也找到了配子体两种性状的遗传证据，但是类似的研究还是比较少的。

马沙尔父子、艾伦、施密特（Schmidt）和韦特施泰因已经分别证明了，在雌雄异体藓类和其他苔类植物中，孢子在形成时会与决定性别的要素相分离。他们的这些观察和实验将在有关性别的章节中进行探讨。

许多有关四倍体细胞体积的重大问题都属于胚胎学范畴，而非遗传学范畴。四倍体的细胞通常较大，一般会是正常型体积的 2 倍，但是组织存在差异，细胞的尺寸差距也比较明显。

似乎正是因为细胞增大，才影响了整株四倍体植物的大小及一些其他特征。如果这一解释成立的话，那么这些特征将属于发育问题，而非遗传问题。已经有一些涉及四倍体产生方法的研究。前面提到的有关四倍体细胞内部胞质如何增加的方法，还需要通过进一步的研究来确认。

我们假设种迹内的两个细胞相互融合，那么两个胞核早晚也会联合，也有可能产生四倍型细胞。假设生长期内的四倍型细胞保持其2倍于正常型细胞的体积，那么预计将得到相当于正常型体积2倍的卵子。预计大型胚胎的细胞在数目上与正常胚胎的特有细胞是一样的。

还有一种可能的解释是，在二倍型母株生殖细胞内，四倍型生殖细胞的体积可能不会大到2倍。如果这一解释成立的话，那么其卵子虽然携带2倍的染色体，却不会比正常卵子更大。这种卵子发育出的胚胎，在其能够从外界获取食物的胚胎后期或幼虫期之前，或许难以获取足够的营养以增大其细胞体积。至于到了比较晚的时期，每个细胞内的两组染色体能否增加其细胞的胞质，仍不能确定。不过，由于下一代卵子在母体内发育时就携带了4倍的染色体，所以该卵子在分裂之前增加2倍的体积也是有可能的。

或许我们不能认定，随着染色体数目的加倍增加，成熟卵子在受精之后，其胞质也将迅速增加。动物胚胎在其器官开始形成之前，已经经历了多次的细胞分裂。如果该胚胎最初就是来自一个体积正常但染色体数目加倍的卵子，而2倍的染色体数目导致其卵裂时期比正常卵子早结束，进而器官开始形成，那么，此类四倍体胚胎的细胞的体积将是正常胚胎细胞的2倍，但细胞数目只有正常型的一半。

显花植物的胚囊相对较空，同时养料丰富，这可能为卵子生成大量胞质提供了有利条件。

四倍性是物种增加基因数目的一种方法

按照进化论的观点，四倍体最吸引人的地方之一，就是四倍体似乎为新基因数目的增加提供了条件。如果染色体数目加倍增加导致了稳定的新型的出现，那么随着时间的进展，四条相同的染色体在加倍之后会逐渐出现差异，最终有两条彼此相似，另外两条也彼此相似。在这一情况下，除了很多基因没有出现变化外，四倍体与二倍体在遗传学上也存在很多相似之处。每组的四条染色体都携带很多同样的基因，如果某个个体只含有一对杂合基因，那么其孙代的孟德尔式比例应为15∶1，而非3∶1。实际上，这一比例的证据已经被发现，但四倍性能否解释这一结果，或者是否还有其他使染色体加倍的方法，还需要进一步的研究来证明。

一般而言，在我们更多地了解新基因发生（如果依然发生）的方法之前，就利用四倍性来解释基因数目的增加，还是存在一定的不确定性。在雌雄同株的植物中，新型可以这样出现。不过，在雌雄异体的动物里，除了单性生殖的物种，四倍体在大多数情况下是难以如此形成的。正如前述结论所说，在四倍体与普通二倍体杂交时，四倍性将会失去，并且难以恢复。

第九章
三倍体

最近的一些著作中也出现了很多关于三倍体的报告，其中有一些起源于已知的二倍体，有一些在培植植物中出现，还有一些是在野生状态下发现的。

施通普斯和安妮·卢茨（Anne Lutz）描述过半－巨型待宵草的三倍体植株含有 21 条染色体。随后，德弗里斯、范奥弗里姆（Van Overeem）和其他学者也对待宵草的三倍体有过描述。据称，这些三倍体是由二倍型生殖细胞与单倍型生殖细胞结合而成的。

盖茨、海尔茨（Geerts）和范奥弗里姆分别对三倍体染色体在成熟时期内的分布状况进行了研究。他们发现，虽然一些例子显示减数分裂中的染色体的分布有一定规则，不过在另一些例子中，一些染色体却被抛弃和退化了。卢茨女士发现三倍体的后代之间存在差异。按照盖茨的记录，在含有 21 条染色体的植株中，第一次成熟分裂后的两个细胞“几乎一直”含有 10 条和 11 条染色体，只是偶尔才含有 9 条和 12 条染色体。海尔茨发现了更多的不规则现象。他指出有 7 条染色体通常会分别进入每一极，另外 7 条不成对的染色体会不规则地进入两极。这一发现与 7 条染色体和 7 条染色体接合，另外 7 条染色体独立存在而不发生接合的观点一致。范奥弗里姆指出，如果采用三倍体作为母株，结果证明不管那些独立存在、不发生接合的染色体组合怎样分布，待宵草的多数胚珠都是有功能的。也就是说，虽然细胞有各种不同的染色体组合，但全部或绝大多数卵子都能存活并受精，这就导致了具有很多不同染色体组合方式的各种植株的出现。另一方面，如果采用三倍型待宵草的花粉，其结果将是只有含 7 条或 14 条染色体的花粉能够发挥功能，那些含有中间数目染色体的花粉粒大多是不具备功能的。

德莫尔在人工培植的风信子 *Hyacinth* 中发现了三倍体。他指出，由于选用的是商品型，所以旧型被三倍体取代。一些三倍体后代含有三倍左右的染色体，它们是现代栽培类型的主要组成部分。风信子一般采用球茎进行繁殖，因此任何一个特殊品种都可以继续繁育。德莫尔对正常型和三倍型风信子生殖细胞的成熟分裂过程进行了研究。（图 9-1）他指出，正常二倍型生殖细胞的染色体中，有 8 条长的、4 条中等的和 4 条短的。单倍型生殖细胞的染色体中，有 4 条长的、2 条中等的和 2 条短的。德莫尔和贝林都认为正常型减数分裂后，既然每种大小的染色体都有两条，那么正常型可能就是一种四倍体。如果这一推测成立的话，那么三倍体也可能是一种双倍的三倍体，因为它含有 12 条长的、6 条中等的和 6 条短的染色体。

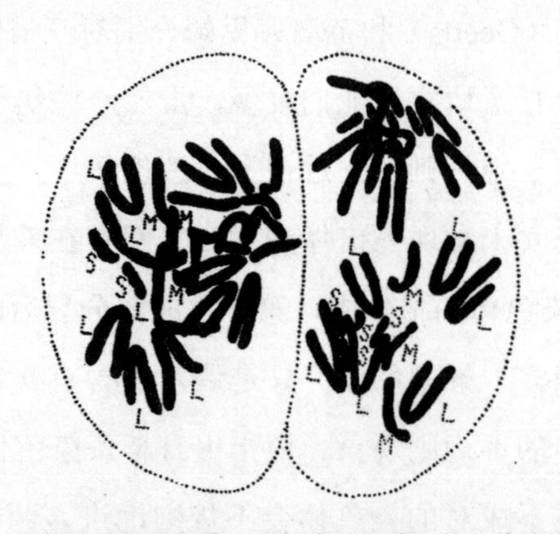

图 9-1　风信子花粉母细胞（原始生殖细胞）的三倍体染色体群

贝林还对美人蕉 *Canna* 一个三倍体变种的成熟分裂进行了研究。各种大小的染色体都是三条接合在一起。染色体分离时，每三条接合在一起的染色体中，通常有两条进入一极，另一条进入另一极。不过，由于不同类型的染色体之间的分布是相对独立的，所以分裂后的子细胞中成为二倍型和单倍型的情况非常少。

布莱克斯利、贝林与法纳姆报告了一种三倍体曼陀罗。该植株产生于四倍体与正常型的受精繁殖。正常二倍型含有 24 条染色体（n=12）（图 9-2a），三倍型含有 36 条染色体（图 9-2b）。单倍型染色体群中含有 1 条特大号（L）、4 条大号（l）、3 条大中号（M）、2 条小中号（m）、1 条小号（S）以及 1 条特小号（s）染色体，因此，二倍型染色体群的公式为 2（L+4l+3M+2m+S+s），三倍型染色体群则含有 3 倍数目的各种尺寸的染色体。

贝林和布莱克斯利对三倍体的成熟分裂进行了研究。减数染色体群分成十二类，分别由三条染色体接合而成，如图 9-2b 所示。每一类三价染色体的体积与二倍体的二价染色体相同，即只能由相同染色体构成，并按照图中所示的方式接合。两条染色体可能在其两端相互连接，第三条染色体则只能在一端连接。

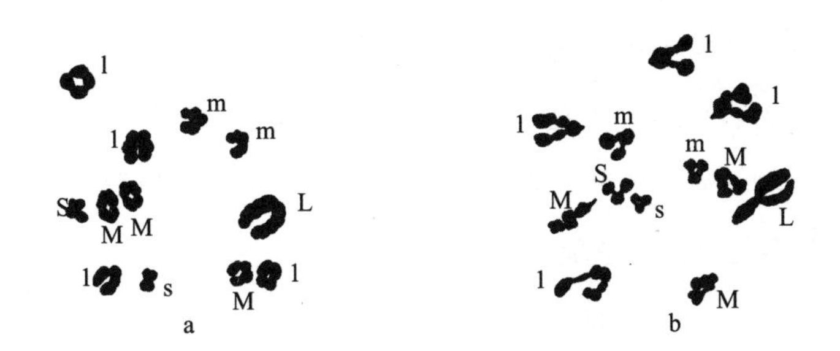

图 9-2　曼陀罗的二倍体与三倍体成熟分裂

注：a 为二倍体曼陀罗的减数分裂染色体群，b 为三倍体曼陀罗的减数分裂染色体群（根据贝林和布莱克斯利的研究）。

第一次分裂时，每一类三价染色体中有两条进入纺锤体的一极，另一条进入另一极（图 8-14，3n）。不同类型的三价染色体之间自由组合，进而产生若干不同的染色体组合。84 个花粉母细胞所含有的染色体数目如表 9-1 所示，这一结果与按照自由组合假设推导出的数字吻合。

表 9–1　三倍体曼陀罗 84 个花粉母细胞内染色体的组合

	第二次分裂中期						
染色体的组合	12 + 24	13 + 23	14 + 22	15 + 21	16 + 20	17 + 19	18 + 18
两群的实际数目	1	1	6	13	17	26	20
根据三价染色体随机分布得出的数字	0.04	0.5	2.7	9.0	20.3	32.5	19.0

三倍体偶尔会出现不能进行第一次成熟分裂的情况。短时间的低温处理可以促使这一情况的发生。染色体在第二次分裂时进行均等分裂，将会产生两个各含 36 条染色体的巨型细胞。

通常，三倍体产生的具备功能的花粉粒较少，不过具备功能的卵细胞看起来很正常。例如，三倍体从正常型植株受精，正常型后代（$2n$）的数目将大大多于按照卵子内部染色体自由组合的假设推导出的数目。

布里奇斯发现了三倍体果蝇。（图 9–3）三倍体含有三条 X 染色体，与各类型的三条常染色体相平衡，因此是雌性。这种平衡是形成正常雌蝇的关键。我们知道了所有染色体上的遗传因子，就有可能通过后代的性状分布状况，研究成熟时期染色体的活动，也可以研究交换，以及决定染色体是否是三条三条地相配的。

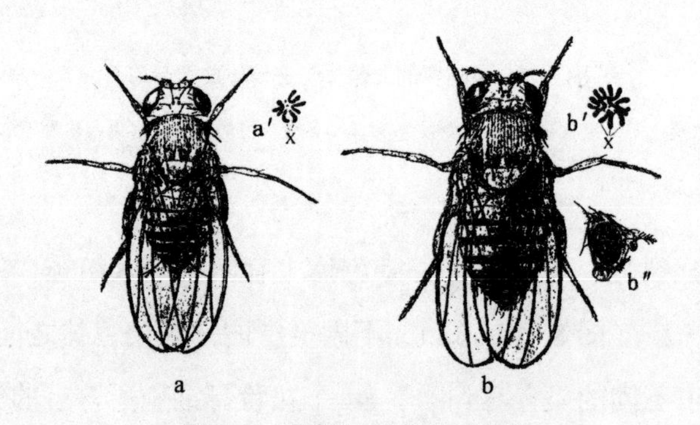

图 9–3　果蝇的二倍体与三倍体

注：a 为正常型或二倍体雌蝇，b 为三倍体果蝇。

三倍体果蝇含有三组正常染色体，还有三条 X 染色体。相应地，如果只有两条 X 染色体，那么该个体就是性中型。如果只有一条 X 染色体，那么该个体就是超雄性。它们的关系是：

3a+3X= 三倍体雌蝇

3a+2X= 性中型

3a+1X= 超雄性

在雌雄异体的动物中发现了一种胚胎时期的三倍体。根据报告，二价型雌蛔虫产生了含有两条染色体的成熟卵子，各成熟卵子与含有一条染色体的单价型精子受精。受精卵发育成胚胎，每个胚胎细胞各有三条染色体。因为在生殖细胞还没有成熟时，胚胎就已经从母体中分离出去，所以不能看到染色体在行为上的一个最重要的特征，即染色体在接合时期的联合，也一直没有发现三倍体的蛔虫成虫。

还有一种产生三倍体的方法是，让两个二倍型物种杂交，再让杂交种（因为没有接合和减数分裂，所以将产生二倍型生殖细胞）与亲型原种回交。费德莱（Federley）用三种蛾类进行此类实验，这三种蛾类的染色体数目如表 9–2 所示。

表 9–2　三种蛾类的染色体数目

三种蛾类	二倍数	单倍数
Pygaera anachoreta	60	30
Pygaera curtula	58	29
Pygaera pigra	46	23

前两种杂交种含有 59 条染色体（30+29）。杂交种的生殖细胞进入成熟时期时，染色体之间没有相互接合。在第一次成熟分裂时，59 条染色体各分裂为两条子染色体，每个子细胞都得到 59 条染色体。第二次成熟分裂时，出现了很多不规则的性状，每条染色体又分裂成两条，但这两条染色体通常不会分离。即便是这样，雄虫也具备部分可育性，正如实

验结果所证明的那样，雄虫的部分生殖细胞具有所有染色体。第一代杂交雌蛾不具备生殖能力。

如果让子代雌蛾与亲型回交，例如与 *anachoreta* 回交，*anachoreta* 的成熟卵子含有 30 条染色体，孙代杂交种将会含有 89 条染色体（59+30），所以这是一个杂交种三倍体。孙代杂交种与子代杂交种是非常相似的。前者包括两组 *anachoreta* 染色体和一组 *curtula* 染色体。虽然在各代里只有一半染色体相互接合，但在某种意义上，它们是具有恒久稳定性的杂交种。当含有 89 条染色体的杂交种生殖细胞成熟时，两组 *anachoreta* 染色体（30+30）相互接合，29 条 *curtula* 染色体独立存在。在第一次分裂中，接合在一起的 *anachoreta* 染色体相互分离，*curtula* 染色体各自分裂，每个子细胞各获得 59 条染色体。在第二次分裂中，59 条染色体又各自分裂。生殖细胞得到 59 条染色体，产生二倍型。这时，只要继续进行回交，就可能得到三倍体。虽然在控制之下通过回交的办法来获得三倍体品系是有可能的，不过，杂交种精子产生过程中的紊乱会导致杂交后代没有生殖能力。因此，在自然条件下建立一族具有持久性的三倍体品系，基本上很难实现。[1]

因为三倍型胚胎维持了基因间的平衡，所以预测其发育会是正常的。三组染色体与遗传的胞质的分量之间的关系，是唯一不协调的因素。我们不能确定究竟发生了多少自动调剂活动，但我们可以想象植物的三倍体细胞比正常型细胞大。

其他利用两个野生物种（其中一个物种具有另一物种 2 倍的染色体数目）的杂交来培育三倍体的情况，将在随后章节中阐述。

[1] 我有意地对这里的阐释予以简化，在子代杂交种体内，有时一条或多条染色体似乎存在接合。此时染色体有可能发生减数分裂，进而导致孙代杂交种的生殖细胞增减一条或多条染色体。

第十章
单倍体

遗传学证据指出，要至少具有一整组染色体，才能展开正常的发育过程。含有一组染色体的细胞称为单倍型。由这类细胞构成的个体有时称为单倍体，或者称为单倍型。胚胎学证据指出，一组染色体是发育的必要条件。但是，并不能因此推断，就所涉及的发育条件而言，在不产生严重后果的情况下，单倍染色体能够直接取代二倍染色体。

经过人工刺激之后，卵子可以发育成胚胎，这类胚胎细胞只含有一组染色体。由于卵子在发育前，胞质的分裂受到抑制，导致染色体数目增加到2倍的例子比较多，其状态也比单倍体好。

切一片海胆卵子，让其与精子受精，可以得到一个含有父方单组染色体的胚胎。施佩曼（Spemann）与后来的巴尔策（Baltzer）在蝾螈卵子受精后，立刻中缢卵子，有时会分离出一片只含有一个精核的卵子胞质。（图10–1）巴尔策将其中一个培育到变态时期。

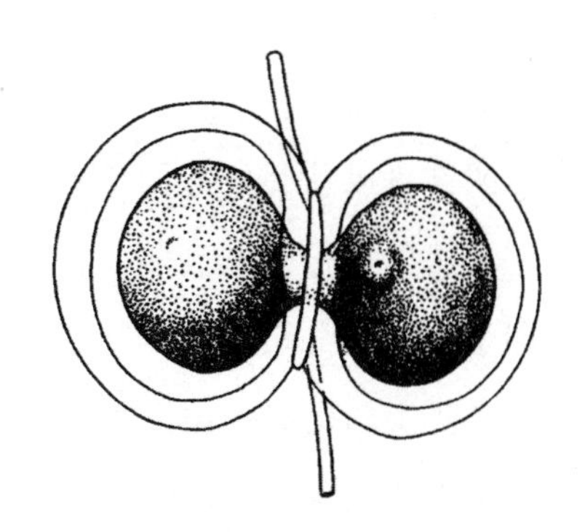

图10–1　蝾螈卵子中缢后，半数与一个精子结合

注：蝾螈卵子在受精之后，立即中缢为二，右侧的一半表示极体（根据施佩曼的研究）。

用X射线或镭射线照射蛙卵足够长时间，损伤或破坏其染色体，随后让其受精，正如奥斯卡·赫特维希（Oscar Hertwig）和金特·赫特维希（Günther Hertwig）所证明的那样，这些受精卵也可以发育成由含有半组染色体的细胞构成的胚胎。相应地，蛙的精子在经过X射线照射后，虽然仍可以进入卵子，但不再对发育起作用。在这种情况下，卵子只包含有卵核的单组染色体，染色体能够分裂，但胞质不能分裂，进而在发育开始之前就恢复了染色体的数目。这些卵子在经历了胚胎时期后，能够发育成正常的蝌蚪。

通过上述方法培育的人工单倍体，多数比较衰弱，很多在成年之前就夭折了。造成这一局面的原因尚不清楚，但我们可以从几个角度考虑其可能性。如果采用人工方法刺激含有单倍型胞核的整个卵子，使其单性发育，再假设在分化开始（器官形成）之前，该卵子具有与正常卵子相同的分裂次数，那么就细胞体积与其所含有的染色体数目之间的比例而言，它的每个细胞的体积势必会2倍于正常细胞。既然细胞是按照其基因来发育的，就有可能因为缺乏基因物质，不能对2倍大的胞质产生正常的影响。

另一方面，如果这类卵子在开始分化之前，比正常卵子多分裂一次，那么其染色体数目（即胞核体积）及其细胞体积就会维持正常的比例——整个胚胎也会含有2倍于正常胚胎的细胞，也会含有2倍的胞核。胚胎作为一个整体，将含有与正常胚胎相同的染色体数目。至于此例中较小的细胞体积，究竟会对发育过程产生何种影响，目前尚不明确。对单倍体细胞体积的观察，似乎表明虽然胞核是正常型的一半，但细胞体积却是正常的。看来，胚胎没有如前所述那样修正其胞核－胞质关系。

或许可以从另一方面考虑，是不是细胞体积正常而基因欠缺导致了人工培育的单倍体的衰弱。含有一个精核的半个卵子，如果经历了与正常卵子相同的分裂次数，则胚胎细胞及其胞核之间将维持正常的体积比例。实际上，已经根据海胆胚胎的例子得知了此类情况。它们发育成看起来正常的长腕幼虫，但没有任何一个度过了这一阶段，由于某种原因，甚至正常胚胎也很难在人工条件下发育到这一阶段之后。因此，目前尚不明确这些单倍体是否具备与正常胚胎相同的生活能力。博韦里和其他学者对海胆卵子切片进行了广泛的研究，多数切片可能小于半个卵子。博韦里认为，大多数单倍体在原肠形成时期之前或紧随原肠形成时期之后就夭折了。这些切片可能一直没能完全从手术中恢复，或者它们不具备胞质的全部重要要素。

如果将这些胚胎与正常二倍型卵子的裂球分离后所形成的胚胎进行比较，会发现一些引起人们兴趣的地方。当海胆卵子分裂为二细胞、四细胞或八细胞时，用无钙海水对其进行处理，能够将裂球逐个分离。这里没有手术上的损伤，每个细胞都有双组染色体。结果是 1/2 卵裂球发育不正常的有很多，1/4 卵裂球中能发育为长腕幼虫的更少，能度过原肠形成时期的 1/8 卵裂球可能一个也没有。这一证据表明，除染色体数目及胞核－胞质比例外，小体积本身也会产生不利影响。我们尚不清楚这意味着什么，但表面和体积之间的关系随着细胞大小的变化而有所差异，这也许是产生上述结果的因素之一。

根据这些实验，我们没有多大把握可以通过人工方法，减少已经适应了二倍型状态的物种中的卵子胞质，以获得正常的健壮的单倍体。不过，在自然条件下，存在若干单倍体的例子，其中一个例子中的二倍型物种的单倍体已经发育到了成年阶段。

布莱克斯利在培育的曼陀罗中发现了一株单倍体。（图 10–2）他细心培养这株植物，把它嫁接到二倍体植物上，并保持了几年时间。这一植株除产生极少数单倍型花粉外，在其他全部主要性状上都与正常植株相近。其产生的花粉粒在极力度过成熟时期后，获得了一组染色体。

图 10–2　曼陀罗的单倍体植株

据克劳森（Clausen）和曼（Mann，1924）的报告，烟草 *Nicotiana tabacum* 与 *Nicotiana sylvestris* 杂交，产生两株各含有 24 条染色体的单倍型烟草，是 *tabacum* 种的单倍数目。有一株单倍体相当于亲型 *tabacum*“变种”的“缩小版”，只是其性状表现得更为夸张，株高约为亲型的3/4，叶小，枝细，花也明显缩小了一些。它不如亲型健壮，花朵繁盛，但没有种子，花粉完全残缺。另一株单倍体相对于其 *tabacum* 亲型变种，也呈现出同样的关系。以上两株单倍体的花粉母细胞经过不规则的第一次成熟分裂，少数或多数染色体进入两极，余下的留在纺锤体赤道上。第二次成熟分裂相对规则一些，但落后的染色体依然没有进入任何一极。

如果父母中的任一方是二倍体，那么该物种似乎自然能成功地得到少数单倍体。蜜蜂、黄蜂和蚁类的雄虫都是单倍体。蜂王的卵子含有16条染色体，接合之后得到8条二价染色体。（图10–3）在经历两次成熟分裂之后，又减为8条。卵子如果受精，就将发育成含有二倍数目染色体的雌性（蜂王或工蜂）。如果卵子不受精，就会按照一半的染色体数目进行单性发育。

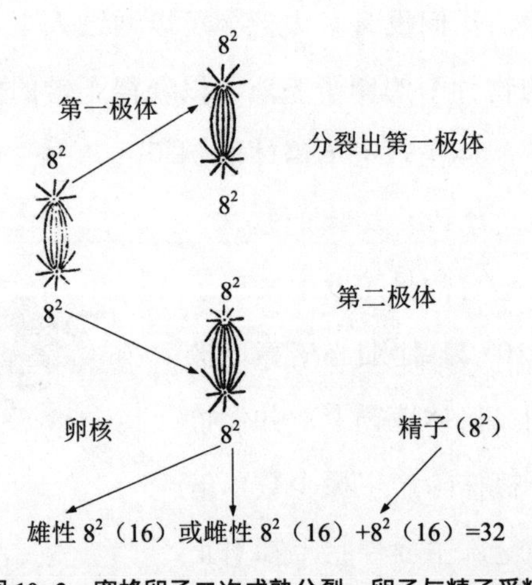

图10–3　蜜蜂卵子二次成熟分裂，卵子与精子受精

注：图下方表示卵子与精子受精后，染色体分裂为二，数目增加1倍。

分别取雌雄两种蜜蜂的各种组织，对其胞核体积和细胞体积进行检查，［博韦里、梅林（Mehling）、纳特茨海姆（Nachtsheim）］发现二倍体与单倍体之间的差异通常不是一成不变的。不过，雌蜂和雄蜂在早期胚胎时期存在一种特殊现象，这一现象使问题更复杂一些。在雌雄蜜蜂的胚胎细胞中，似乎每一条染色体都分离为两部分，染色体的数目变成开始时的 2 倍。雌性胚胎细胞中也有同样的过程，甚至染色体还会重复这一过程，从而看起来具有 32 条染色体。这一证据似乎表明，染色体数目实际上并没有增加，只不过是各自“断裂”了而已。如果这一解释成立的话，那么基因数目也没有任何增加。雌蜂的染色体还是雄蜂的 2 倍。这一断裂行为与胞核大小之间究竟有何种关系（如果该关系真实存在的话），目前尚不明确。

在雌雄蜜蜂的胚迹中，似乎没有发生断裂。如果该断裂已经发生，那么这些断片应该在成熟时期之前就已经重新结合了。

证明雄蜜蜂是单倍体，或至少其生殖细胞是单倍型的最佳证据是细胞在成熟时期的行为。第一次成熟分裂失败了（图 10-4a、图 10-4b）。一个不完全的纺锤体出现了，含有 8 条染色体。部分胞质分离出来，不含有染色体。第二纺锤体产生了，染色体各自分裂（图 10-4d~g），这应该是纵裂方式的分裂，一半子染色体进入两极。较大的细胞中分出一个小细胞，大细胞转变为含有单倍数目染色体的具备功能的精子。

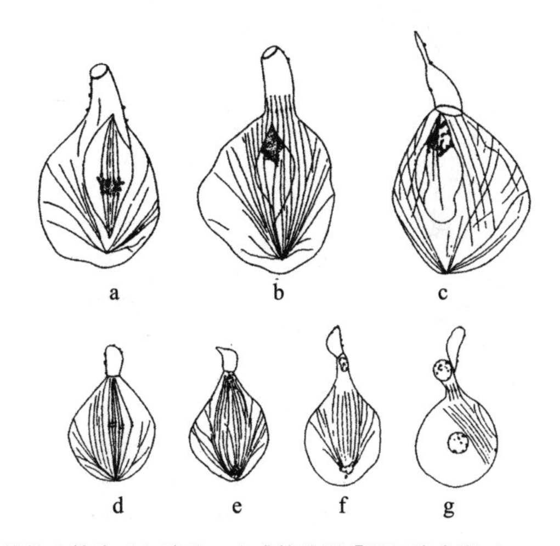

图 10-4　雄性蜜蜂生殖细胞的二次成熟分裂［根据梅韦斯（Meves）的研究］

锥轮虫 *Hydatina senta* 的雄虫是单倍体（图 10–5c），雌虫是二倍体。在缺乏营养的情况下，或者以原生动物 *Polytoma* 为饲料时，只能产生雌性锥轮虫。雌虫是二倍体，其卵子在一开始也是二倍型的。每个卵子只能分出一个极体——每条染色体分裂成相等的两半。从单性发育成雌虫的卵子，依然含有所有染色体。如果以其他食物（如眼虫）为饲料，就会产生一种新型雌虫。如果该虫刚从壳内孵出就与雄虫受精，则产生的卵子都是有性的，每个卵子放出两个极体，并维持单倍数目的染色体。已经进入卵子的精核与卵核结合，产生二倍体雌虫，重新建立一个单性繁殖谱系。但是，如果此类特殊雌虫不受精，就会产生比较小的卵子，该卵子将放出两个极体，大多保留了一半的染色体，在之后的单性发育过程中，产生雄性单倍体。雄虫则会在孵出几小时之后成熟，不再继续生长，并且在几日内死亡。

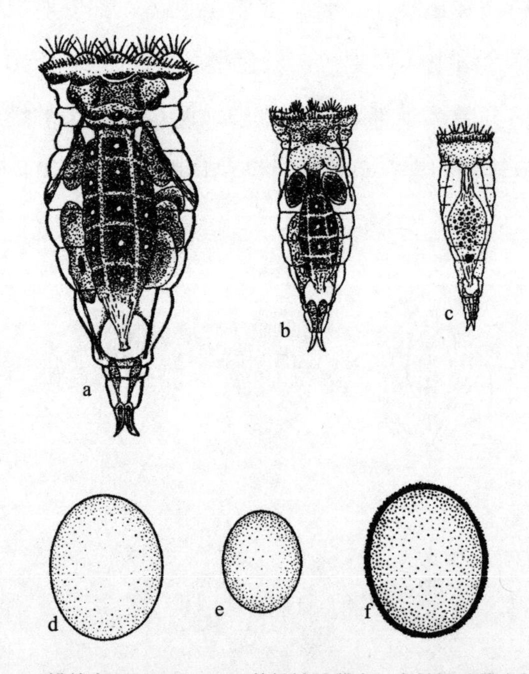

图 10–5 锥轮虫 *Hydatina senta* 单性繁殖雌虫，有性繁殖雌虫与雄虫

注：a 为锥轮虫 *Hydatina senta* 单性繁殖雌虫，b 为同类幼年雌虫，c 为同类雄虫，d 为单性繁殖的卵子，e 为发育成雄虫的卵子，f 为冬季卵［根据惠特尼（Whitney）的研究］。

施拉德尔（Schrader）证实雄性白蝇 *Trialeurodes vaporariorum* 是单倍体。莫里尔（Morrill）发现，在美国没有交配的这类雌蝇只能产生雄性后代，在另一种同科生物中，莫里尔和巴克（Back）也发现了同样的现象。另外，哈格里弗斯（Hargreaves）和威廉斯（Williams）相继提出报告，指出在英国没有交配的同种雌性白蝇只能产生雌虫。1920 年，施拉德尔对美国种白蝇进行了研究，发现雌虫含有 22 条染色体，雄虫含有 11 条染色体。成熟卵子原本含有 11 条二价染色体。放出两个极体之后，卵子保留了 11 条单价染色体。卵子受精之后，增加了精核的 11 条染色体。没有受精的卵子进行单性发育，其胚胎细胞各含有 11 条染色体。雄虫生殖细胞成熟时，没有表现出任何减数分裂的迹象（甚至像蜜蜂那样的细微过程也没有），其均等分裂与精原细胞的分裂不存在差异。

正如欣德尔（Hindle）的繁育实验所体现的，一些证据显示没有受精的虱卵可以发育成雄虱。根据一些观察报告，一种恙虫 *Tetranychus bimaculatus* 的未受精卵子可以发育成雄虫，受精卵子可以发育成雌虫。施拉德尔（1923）证明单倍体雄虫只含有 3 条染色体，雌虫是含有 6 条染色体的二倍体。卵巢内的卵子最初含有 6 条染色体，然后，染色体两两接合，出现 3 条二价染色体。卵子受精时，增加了 3 条染色体，形成了雌虫的 6 条染色体。未受精的卵子直接发育成雄虫，其细胞内各含有 3 条染色体。

沙尔对一种蓟马 *Anthothrips verbasci* 的雌虫进行了研究，发现没有交配时，未受精卵子只能发育成雄虫，这些雄虫大多是单倍体。

藓类和苔类的原丝体以及藓类的植株世代（配子体）都为单倍体。韦特施泰因用人工方法从原丝体细胞中得到二倍型原丝体和二倍型藓类植株。这一结果证明，这一世代与孢子体世代的区别不是由各世代的染色体的数目决定的，而是某种意义上的一种发育现象，也就是说，孢子必定要经历配子体状态才能进入孢子体世代。

第十一章
多倍系

根据近些年的报告，越来越多的近缘野生型与驯化型的染色体数目都呈现为一个基本单倍数的某些倍数。多倍系成群发生，这表明在同系中，染色体倍数比较大的品种，是由倍数较小的品种递增来的。是否将这一类型归为稳定的物种，则是由分类学者决定的事情。

或许这一点很重要，即多倍系在若干被认为是多类型的群里出现，原因在于这些群相互之间既存在变异，又存在相似处，同时很多例子显示不能从种子里繁殖出同一类型，这让分类学者不知所措。但是，这些情况与细胞学的观察结果是一致的。单就这些染色体群都是平衡的这一点而言，从遗传学出发，可以预计这些植株应该是相似的；细胞体积的扩大只是一个例外，它可以导致某些影响该植物结构的物理因素，以及基因数目的增加，还可以在胞质中产生某些化学影响。

多倍体小麦

小麦、燕麦、黑麦和大麦等壳类植物，都存在一些多倍染色体群。其中，对小麦系的研究最广泛，其杂交后的少数杂交种类型也都经过了检验。单粒小麦的染色体数目最少，为 14 条（n=7）。单粒小麦属于单粒群，珀西瓦尔（Percival，1921）将其起源追溯到新石器时代的欧洲。还有一种艾美尔小麦群，含有 28 条染色体，出现在史前时代的欧洲和公元前 5400 年的古埃及，直到古希腊－罗马时代，其被含有 28 条染色体的小麦和软粒小麦群中的一种含有 42 条染色体的类型（图 11–1）取代。艾美尔小麦群中的变种类型数量最多，但软粒小麦群有着更多不同的“类型”。

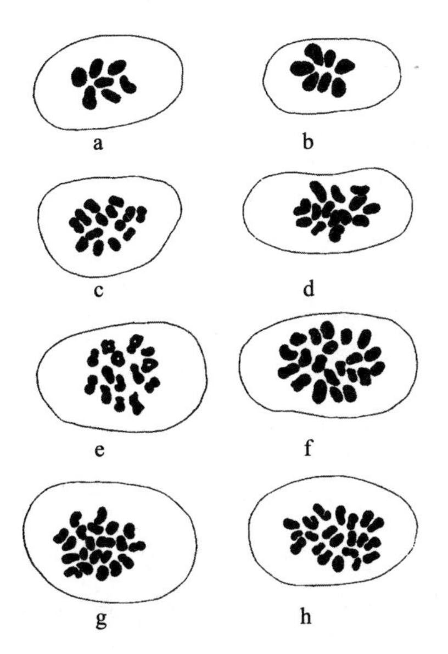

图 11–1　二倍体、四倍体、六倍体小麦减数分裂后的染色体数目［根据木原均（Kihara）的研究］

有些人对各种小麦的染色体进行了研究，最近的有坂村徹（Sakamura，1920）、木原均（1919，1924）和萨克斯（Sax，1922）。以下材料大部分来源于木原均的著作，一部分引自萨克斯的论文。表 11–1 显示了观察到的二倍染色体数目与观察或估计到的单倍染色体数目。

表 11–1　二倍染色体数目与单倍染色体数目

品种	单倍数	二倍数
单粒群，单粒小麦	7	14
艾美尔群，双粒小麦	14	28
艾美尔群，波洛尼卡小麦	14	28
艾美尔群，坚粒小麦	14	28
艾美尔群，硬粒小麦	14	28

续表

品种	单倍数	二倍数
软粒群，斯帕尔达小麦	21	42
软粒群，密质小麦	21	42
软粒群，软粒小麦	21	42

各单倍型群参见图 11-1a（单粒小麦）、图 11-1c（坚粒小麦）和图 11-1h（软粒小麦）。

图 11-2 根据萨克斯的研究，显示了前述各群的正常成熟分裂。其中单粒小麦有 7 条二价染色体（接合染色体）。第一次成熟分裂时，二价染色体分别分裂为二，每一极获得 7 条染色体，任何一条都没有停留在中途。子细胞进行第二次分裂时，7 条染色体分别纵裂为两半，每一极获得 7 条染色体。艾美尔小麦含有 14 条二价染色体，第一次成熟分裂时二价染色体各自分裂为二，每一极获得 14 条染色体。第二次成熟分裂时，染色体分别纵裂，每一极获得 14 条染色体。软粒小麦 *vulgare* 含有 21 条二价染色体，第一次成熟分裂时，二价染色体分别分裂为二，每一极都获得 21 条染色体。第二次成熟分裂时，染色体分别纵裂，每一极获得 21 条染色体。

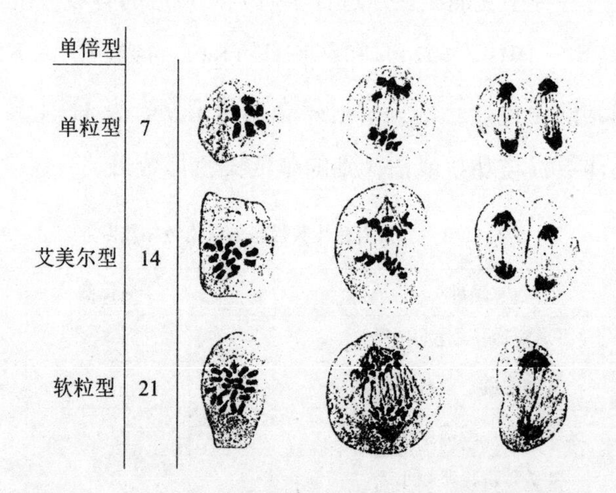

图 11-2　单粒小麦、艾美尔小麦和软粒小麦的正常成熟分裂

注：图示二倍体、四倍体和六倍体小麦的第一次成熟分裂，即减数分裂（根据萨克斯的研究）。

这一系列类型可以解释为二倍体、四倍体和六倍体。每一类型都是平衡和稳定的。

在上述各种染色体数目不同的类型中，有几种类型在杂交中产生了各种不同组合的杂交种，其中有一些具有一定的生殖能力，有些完全不具备生殖能力。有几种组合的父母双方，各自含有不同数目的染色体。这些染色体的活动，体现出某些重要关系。以下几个例子可以说明这一点。

木原均研究了艾美尔型和软粒型小麦杂交产生的杂交种。艾美尔型含有 28 条染色体（n=14），软粒型含有 42 条染色体（n=21），杂交种则含有 35 条染色体，因此该杂交种是一个五倍体。当它成熟时（图 11–3a~d），含有 14 条二价染色体和 7 条单染色体。二价染色体各自分裂，每一极获得 14 条染色体。单染色体不规则地分布在纺锤体上，并且在“减数”染色体分别进入两极后，依旧停留在原地。（图 11–3d）接着，这些单染色体分别纵裂，子染色体趋于两极，但不整齐。当染色体平均分布时，每一极都能够获得 21 条染色体。

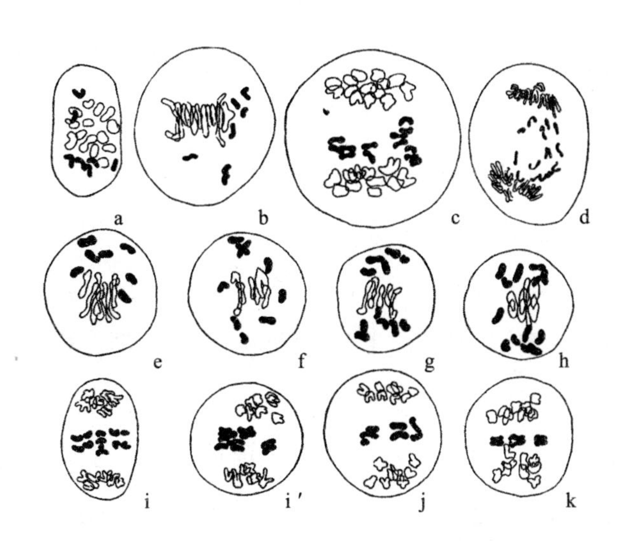

图 11–3　艾美尔小麦和软粒小麦杂交种子代的成熟分裂过程

这里应该提及萨克斯对三倍体小麦的研究结果，此时，7 条单染色体不分裂，而是不均匀地分布到两极，最常见的是 3∶4 的比例关系。（图 11–4）

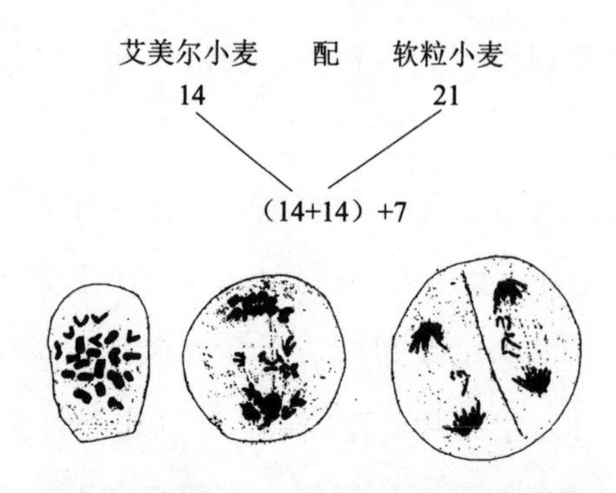

图 11–4　同图 11–3，对过程的说明稍有不同

注：图示艾美尔小麦和软粒小麦杂交种的减数分裂（根据萨克斯的研究）。

按照木原均的研究，第二次分裂时产生了 14 条正在纵裂中的染色体和 7 条不分裂的染色体。前者分裂后每一极获得 14 条染色体，另外 7 条单染色体呈不规则分布状态，最常见的情况是 3 条进入一极，4 条进入另一极。萨克斯认为 7 条单染色体和 14 条减数分裂后的染色体在第二次分裂时分裂成 2 条。

不管哪一种解释适用于单染色体（在其他生物中两种解释都有例证），一个明显的重要事实是，只有存在 14 条染色体时，才能彼此接合。而究竟是艾美尔小麦的 14 条染色体与软粒小麦的 14 条染色体接合，还是艾美尔小麦的 14 条染色体接合成 7 条接合体，软粒小麦的 14 条染色体接合成 7 条接合体，最终都剩下 7 条单染色体，从细胞学证据看，这是不能确定的。对这些组合或其他类似组合（可以产生具备生殖能力的杂交种）所做的遗传学研究，也可以提供决定性证据，只是目前尚欠缺此类研究。

木原均还用含有 14 条染色体（n=7）的单粒小麦与含有 28 条染色体（n=14）的艾美尔小麦进行杂交。杂交种是含有 21 条染色体的三倍体。杂交种生殖细胞（花粉母细胞）成熟时，其染色体的分布比前述例子更为不规则。（图 11–3e~k）接合染色体的数目有多有少，染色体之间的接合如果发生的话，也不是完全的。表 11–2 显示了二价染色体数目上的变化。

表 11-2　二价染色体数目上的变化

体细胞染色体	二价染色体	单染色体
21	7	7（图 11-3e）
21	6	9（图 11-3b）
21	5	11（图 11-3g）
21	4	13（图 11-3h）

第一次成熟分裂时，二价染色体分裂为两条，分别进入两极。单染色体在没有进入任一极时，不是每一次都会分裂。有的没有发生分裂就进入两极，有的先发生分裂，然后各自进入两极。7 条单染色体停留在两极染色体群之间的中央平面上的情况也很常见。（图 11-3i）表 11-3 显示的是三次计量的数字。

表 11-3　三次计量的数字

上极	两极之间	下极
8	6	7（图 11-3i）
9	4	8（图 11-3j）
9	3	9（图 11-3k）

第二次分裂时通常含有 11 条或 12 条染色体，有的是二价染色体（纵裂），其余为单染色体。前者正常分裂，子染色体进入一极或另一极。单染色体不分裂就进入其中的一极。

这一证据表明，不能确定在杂交种中究竟哪一种染色体接合了。既然二价染色体不超过 7 条，那么也可以认为它是艾美尔小麦的 14 条染色体相互接合。

让艾美尔小麦与软粒小麦杂交，可以产生具备生殖能力的杂交种。木原均对重孙代、玄孙代及以后世代中的一些杂交种成熟分裂时的染色体进行了研究。各植株的染色体数目有多有少，成熟分裂中一些染色体的分布也是不规则的，进而导致更为混乱的情况，或者重新建立起如亲代一样的稳定型。虽然这些结果对研究杂交种遗传很重要，但因为过于复杂，与我们的研究目的不吻合。

木原均对软粒小麦与黑麦的杂交种进行了研究，软粒小麦含有 42 条染色体（n=21），黑麦含有 14 条染色体（n=7），杂交种（有 28 条染色体）可以称为四倍体。根据之前的观察，这种由两个不同物种杂交得到的杂交种是不具备生殖能力的，但也有一些观察者认为其具备生殖能力。

生殖细胞成熟时，能够观察到的接合染色体很少，甚至没有，如表 11-4 所示。

表 11-4　生殖细胞成熟时观察到的接合染色体

双染色体	单染色体
0	28
1	26
2	24
3	22

第一次分裂中，染色体在两极的分布不规则，只有少数染色体在进入两极之前分裂，有的单染色体散布于细胞质内。第二次成熟分裂时，很多染色体出现纵裂，在第一次分裂时已经分裂的染色体缓慢地趋向一极，行动缓慢的染色体的数目比第一次成熟分裂时行动缓慢的染色体少很多。

在小麦与黑麦的杂交中，最令人感兴趣的特点是几乎不存在接合染色体，这会导致染色体的不规则分布，这种不规则分布在很大程度上似乎可以解释杂交种通常表现出的不具备生殖能力的特点。还有一种可能，就是同一物种的所有（或大多数）染色体可能（概率较小）会进入另一极，并导致具备功能的花粉产生。

多倍体蔷薇

从林奈那时开始，分类学者就在很多蔷薇的分类上没有头绪。近些年，瑞典植物学家特克霍尔姆（Täckholm），英国的三位植物学家——哈里森（Harrison）和其同事布莱克本（Blackburn），以及蔷薇专家和遗传学家赫斯特（Hurst）——相继发现，一些群的蔷薇，尤其是 *Canina* 群的蔷薇，都是多倍体。它们之间的差异不仅是由多倍性造成的，广泛的杂交作用也会产生一定影响。

最近特克霍尔姆对这些蔷薇进行了细致的研究。他的计算结果显示，14 条染色体（n=7）的物种染色体数目最少，可以作为基本型。此外还有 21 条染色体（3×7）的三倍体，28 条染色体（4×7）的四倍体，35 条染色体（5×7）的五倍体，42 条染色体（6×7）的六倍体和 56 条染色体（8×7）的八倍体，如图 11-5 所示。有一些平衡的多倍体，在成熟分裂时其染色体成对接合（二价染色体）。第一次成熟分裂时，含有奇数染色体的染色体，甚至一些含有偶数染色体（假设为杂交种）的多倍体，只含有 7 条（或 14 条）二价染色体，剩下的都是单染色体。换一种说法，七种类型的染色体各含有 4 条、6 条或 8 条时，每类染色体都成对接合，就如同它们是二倍体一样。不管染色体来自哪里，它们都不是 4 条、6 条或 8 条相接合的。第一次成熟分裂时，这些多倍体的接合染色体相分离，每极各得到半数染色体。第二次成熟分裂时，染色体分裂，每条子染色体进入一极或另一极。于是，不管是花粉还是胚珠，全部生殖细胞都得到了一半数目的原有染

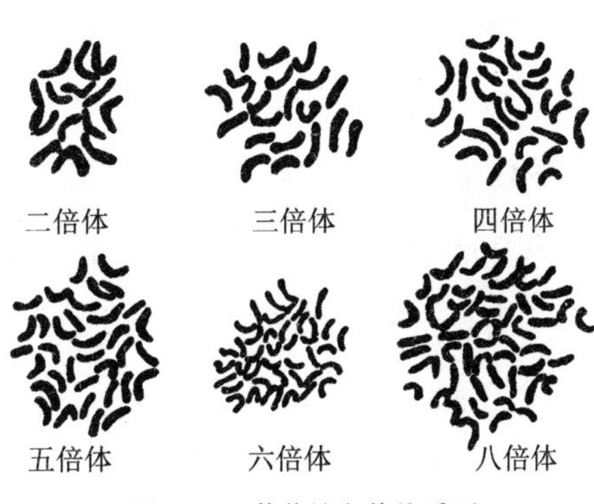

图 11-5　蔷薇的多倍体系列

色体。如果属于有性繁殖，那么该物种特有的染色体数目将保持不变。

另一群蔷薇的生殖细胞出现了一些变化，表明该群蔷薇存在不稳定性，因此特克霍尔姆将其看作杂交种，其中含有 21 条染色体的是三倍体。在成熟初期，花粉母细胞含有 7 条二价染色体和 7 条单染色体。第一次成熟分裂时，二价染色体分裂，每一极获得 7 条染色体。7 条单染色体不分裂、不规则地分布在两极。由此可以得出若干种组合。从这个角度讲，该类型具有不稳定性。第二次成熟分裂时，不管是来自之前的二价染色体还是单染色体，所有的单染色体都分裂为两条。很多子细胞都退化了。

还有一些杂交种，含有 28 条染色体（4×7），由于接合时期的染色体活动表明每类染色体达不到 4 条，因此特克霍尔姆认为它们不是真正的四倍体。该类型只有 7 条二价染色体和 14 条单染色体。第一次分裂时，7 条二价染色体纵裂，14 条单染色体不分裂，分布不规则。

还有一些杂交种含有 35 条染色体（5×7），成熟时有 7 条二价染色体和 21 条单染色体（图 11–6）。两种染色体的活动与前例一样。

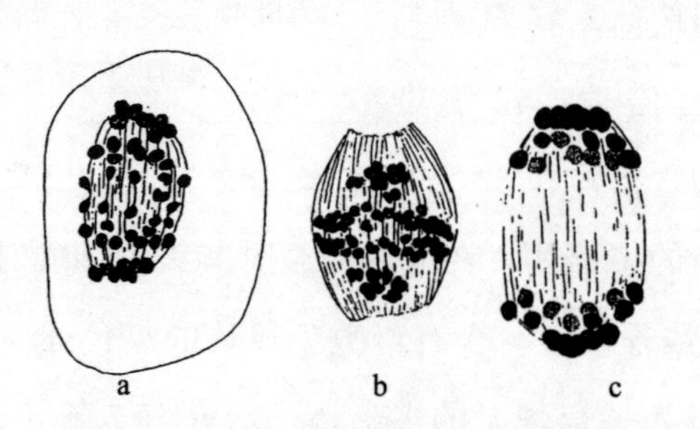

图 11–6　蔷薇杂交种花粉细胞的成熟分裂

注：图示含有 35 条染色体的蔷薇的第一次成熟分裂（异型分裂）（根据特克霍尔姆的研究）。

第四种类型的杂交种含有 42 条染色体（6×7），成熟时只有 7 条二价染色体，单染色体却多至 28 条。染色体在成熟时期的活动与前例一样。

前述四种类型的杂交种蔷薇的花粉形成分类如下：

7 条二价染色体和 7 条单染色体，合计 21 条；

7 条二价染色体和 14 条单染色体，合计 28 条；

7 条二价染色体和 21 条单染色体，合计 35 条；

7 条二价染色体和 28 条单染色体，合计 42 条。

这些杂交种的特殊活动，体现在只有 14 条染色体接合为 7 对二价染色体。我们只能这样假定，即这些染色体是一样的，或者说是相近的，所以它们能接合在一起。除非像特克霍尔姆所说的那样，其他各组的 7 条染色体，都来自不同的野生物种的杂交，否则很难理解为什么这些组染色体不能接合。杂交之后新增加的各组染色体与原来的一组染色体之间存在的差异，以及各组之间存在的差异，导致它们之间的接合受到阻碍。

还有两种杂交种值得一提。它们都含有 14 条二价染色体和 7 条单染色体。它们有前述杂交种 2 倍多的接合染色体。

Canina 群中只存在很少的杂交种，其胚囊（卵子发育的场所）染色体的历史已经有过提及。（图 11–7）在纺锤体的赤道上有 7 条二价染色体，单染色体则全都集中在一极。每条二价染色体分裂为二，各自进入一极。其结果是两个胞核中，一个含有 7 条染色体（来自二价染色体）和所有的 21 条单染色体，另一个只含有 7 条染色体。卵细胞发育自前一种类型的胞核。如果卵细胞真的由染色体（7+21）的细胞发育而来（看起来是这样），并且与一个含有 7 条染色体的精子（假设另一个精子不发挥作用）受精，那么该受精卵会含有 35 条染色体，即该型原本含有的染色体数目。

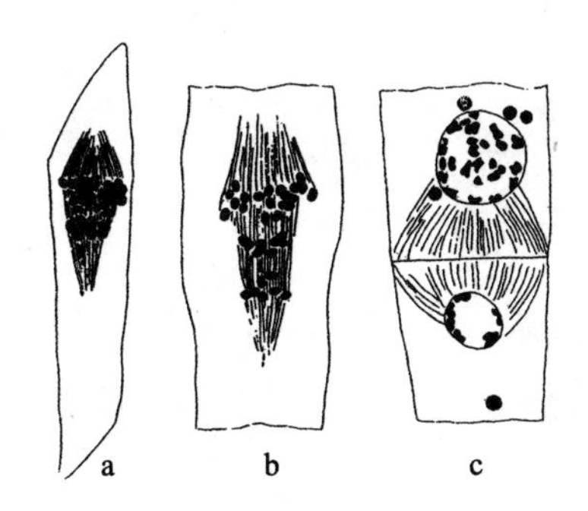

图 11–7　蔷薇杂交种卵细胞的成熟分裂

注：全部单染色体移动到一极，与半数的接合染色体会合（根据特克霍尔姆的研究）。

对于这些多倍体蔷薇的生殖过程，学者们尚未完全阐释清楚。只就扦插繁殖而言，它们会保持在受精过程中获得的任何数目的染色体。通过单性繁殖产生种子的杂交种，也会保持特定数目的体细胞染色体。花粉和卵细胞在形成时的不规则状态，似乎会导致很多不同组合的产生。如果不了解这些类型中染色体之间的关系，就很难弄清楚它们的遗传过程。即便在这一方面获得了新认识，关于杂交种蔷薇的组成，还是存在很多需要研究的问题。

赫斯特在对蔷薇属野生型和栽培型进行研究之后，认为野生二倍体物种是由五个主系构成的，即 AA、BB、CC、DD、EE，如图 11–8 的 a~d、e~h、i~l、m~p、q~t 所示。这五个主系可以组成很多组合。例如，一种四倍体是 BB、CC，另一种是四倍体 BB、DD，一种六倍体是 AA、BB、EE，一种八倍体是 BB、CC、DD、EE。

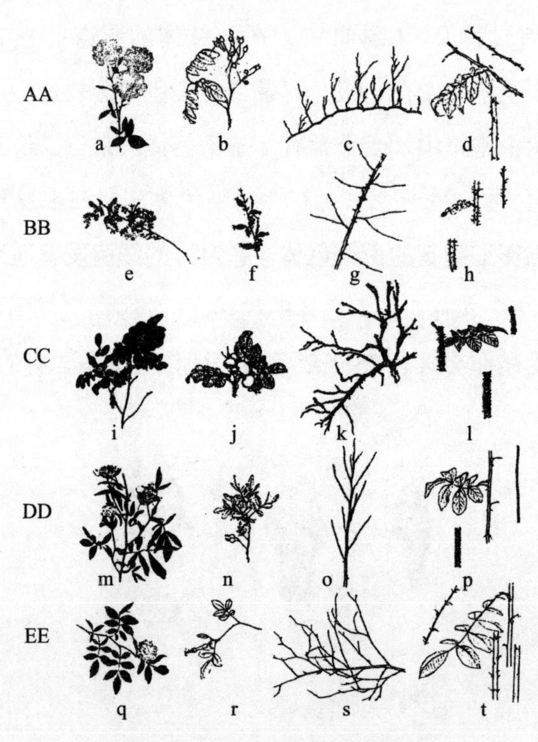

图 11–8　*Canina* 蔷薇的五种类型

注：图示五种类型的 *Canina* 蔷薇，即 AA、BB、CC、DD、EE。各类型的特征排列在同一横排上，包括花、果、分枝情况、刺和叶的着生处（根据赫斯特的研究）。

赫斯特指出在这五个主系中，每一个系至少有 50 个能够辨别出的性状。这些性状都能够在杂交种组合中体现出来。环境条件能够交替促进一系或另一系性状的出现。赫斯特认为，根据这些相互关系，能够对本属进行各种分类。

其他多倍系

除了上述多倍体，在另一些群里，也有关于多倍体染色体的变种和物种的例证。

我们已经了解到，山柳菊属 *Hieracium* 内的一些物种能够进行有性繁殖，另一些物种虽然偶尔会产生正常花粉粒的雄蕊，却属于单性繁殖。罗森贝里（Rosenberg）对若干产生花粉粒的物种产生花粉的情况进行了研究。他还研究过不同物种杂交产生的杂交种。例如，他研究了含有 18 条染色体（n=9）的 *H. auricula* 与含有 36 条染色体（n=18）的 *H. aurantiacum* 杂交产生的杂交种花粉细胞的成熟分裂。第一次成熟分裂时，杂交种含有 9 条二价染色体和 9 条单染色体，但也存在一些例外，其原因可能在于亲型 *H. aurantiacum* 花粉的染色体数目与平常的不一样。第一次分裂时，每条二价染色体分裂为二，多数单染色体也出现分裂。

罗森贝里还对两种各有 36 条染色体的四倍体 *H. pilosella* 和 *H. aurantiacum* 的子代杂交种的成熟分裂进行了研究，发现杂交种体细胞含有 38~40 条染色体，得到两例含有 18 条二价染色体和 4 条单染色体的品种。在含有 36 条或 42 条染色体（n=21）的 *H. excellens* 和含有 36 条染色体（n=18）的 *H. aurantiacum* 的杂交种中，有一例含有 18 条二价染色体。因此，*H. excellens* 亲型大多含有 36 条染色体。另外一例同样的杂交中，产生的子代花粉大多不具备生殖能力，含有很多二价染色体和单染色体。另外两个四倍体的杂交也呈现出相同的结果。总的来看，从四倍体中得出的结果说明，不同物种的染色体相互接合时，该物种含有同样的染色体，至少会形成二价染色体。这是因为相对于同一物种中的相同染色体，不同物种中的相同染色体接合的可能性更大。

Archieracium 属内具有兼有性生殖和单性生殖的物种，其中单性生殖型更常见。罗森贝里对单性生殖型花粉的成熟作用进行了研究，发现其胚囊中没有发生减数分裂，但保持着2倍数目的染色体，另外，其花粉发育情况发生较大变化，具备功能的花粉数量较少，花粉母细胞的减数分裂非常不规则。罗森贝里对若干无配子生殖山柳菊进行了描述，其花粉几乎没有功能。（图11-9）按照他的解释，之所以会出现这些变化，部分由于其起源于四倍体（多数类型中出现了二价染色体和单染色体），部分由于染色体之间的接合逐渐消失，同时抑制了一次成熟分裂。有观点认为，卵母细胞也有可能出现类似的变化，导致单性生殖型的卵子保留了全部染色体。

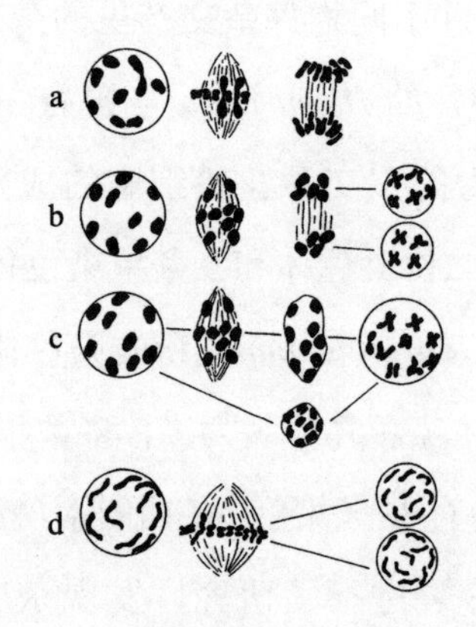

图11-9　山柳菊花粉粒的成熟分裂过程

注：山柳菊 *Hieracium* 属的几个无配子生殖物种的全部成熟分裂过程（根据罗森贝里的研究）。

田原正人（Masato Tahara）发现了多组系家菊。其中，十[1]个变种（图11-10）中分别含有9条染色体，这些染色体存在大小上的差异，更重要的是，这些染色体的相对体积可以随变种的差异而不同（图11-11）。我们将

[1] 根据田原正人的论文，田原列举了十个菊花染色体类型。本书作者摩尔根在图11-10中，仅选取了含有9条染色体的八种情况。——译者注

在以后讨论这一点。另外，在某些物种中，虽然染色体总数相同，其胞核体积却存在大小上的差异。还有一些品种的菊花，其染色体数目是9的倍数。（图11–12）其中，18条染色体的有两种，27条的有两种，36条的有一种，45条的有两种。表11–5显示了染色体数目与胞核体积之间的关系。

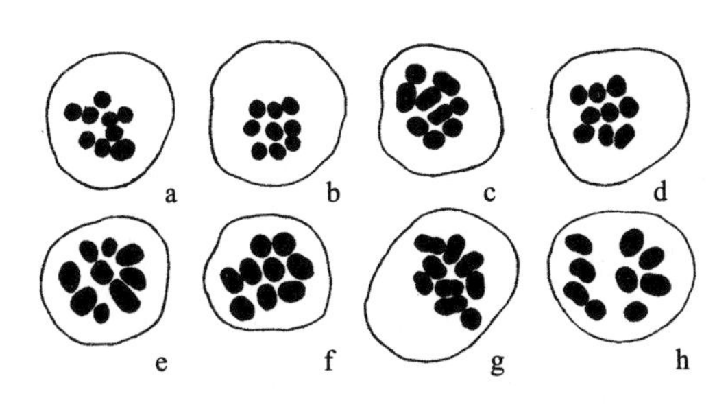

图11–10　菊花的染色体类型

注：菊花八个变种的染色体类型，各含有减数分裂后的9条染色体（根据田原正人的研究）。

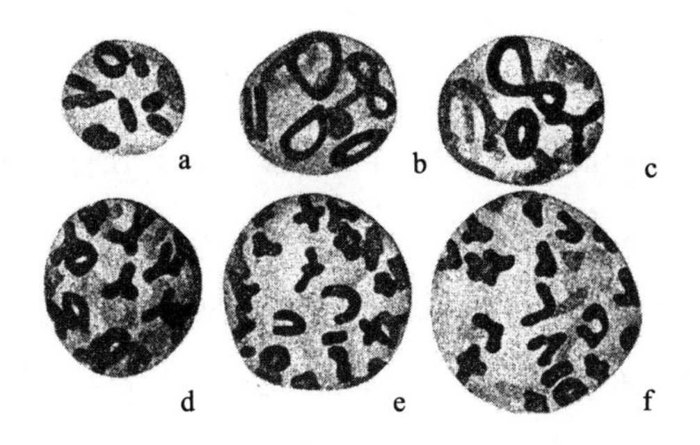

图11–11　菊花变种的细胞核体积

注：菊花不同变种的多倍染色体类型。a为9条，b为9条，c为18条，d为21条，e为36条，f为45条（根据田原正人的研究）。

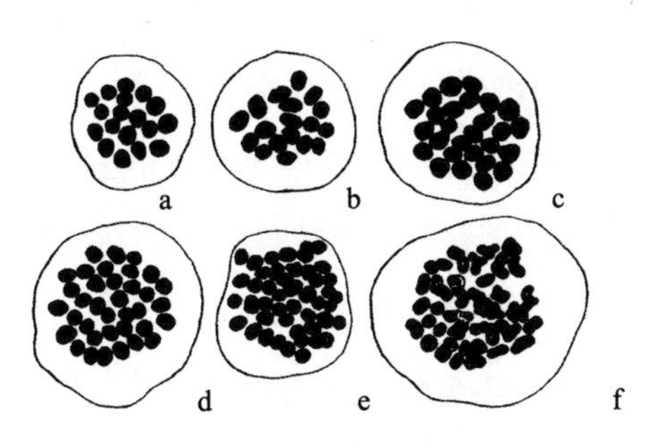

图11–12　菊花的染色体

注：几个菊花变种的终变期胞核。a、b有18条染色体，c有27条，d有36条，e有45条，f有45条（根据田原正人的研究）。

表 11-5　染色体数目与胞核体积的关系

名称	染色体数目	胞核直径	半径^3
Ch. lavanduloefolium	9	5.1	17.6
Ch. roseum	9	5.4	19.7
Ch. japonicum	9	6.0	29.0
Ch. nipponicum	9	6.0	27.0
Ch. coronarium	9	7.0	43.1
Ch. carinatum	9	7.0	43.1
Ch. leucanthemum	18	7.3	50.7
Ch. morifolium	21	7.8	57.3
Ch. decaisneanum	36	8.8	85.4
Ch. arcticum	45	9.9	125.0

大泽（Osawa）报告了桑树的三倍体变种。在他研究过的 85 个变种中，40 个是三倍体。二倍体的染色体数目是 28（n=14），三倍体的染色体数目是 42（3×14）。二倍体植株具有生殖能力，三倍体的成熟分裂呈现出混乱状态（单价染色体），花粉粒与胚囊都无法成熟。三倍体花粉和大孢子母细胞第一次成熟分裂时，二价染色体有 28 条，单价染色体有 14 条。单价体进入任意一极，在第二次成熟分裂时分裂为两条。

槭属植物中，似乎也存在多倍体。根据泰勒（Taylor）的研究，含有 26 条染色体（n=13）的有两种，含有 52 条染色体（n=26）的有两种。还有含有 144 条染色体（n=72）、108 条染色体（n=54）以及 72 条染色体（n=36）的品种。也发现过具有其他染色体数目的品种。

蒂施勒（Tischler）在对甘蔗的研究中发现，有些品种的单倍体有 8 条、16 条和 24 条（二价）染色体。布雷默（Bremer）的报告还提到两个变种，一个约含有 40 条单倍染色体，另一个含有 56 条染色体，此外也有其他数目的报告。在这些组合中，有的来源于杂交，但现在还不清楚所发现的染色体数目的差异究竟有多少来自杂交。布雷默还研究过少数杂交种的成熟分裂过程。

海尔博恩（Heilborn）指出，薹草属物种的染色体数目差异也很大，但没有明显的多倍系。“目前比较重要的是，应该为‘多倍体’这一概念规定一个比较明确的定义。根据染色体数目，似乎有的是以 3 为基数组成多倍系（9、15、24、27、33、36、42）的，有的是以 4 为基数组成多倍系（16、24、28、32、36、40、56），还有的是以 7 为基数组成多倍系（28、35、42、56），以此类推。不过作者认为，仅凭这些数字之间的关系，尚不足以将其看作多倍系的例子。多倍系的染色体群必须包括一定组数的单倍染色体，同时必须由这些组数相加而成。但是，我们已经知道，如 *C. pilulifera* 的 9 条染色体不是由三组 3 条染色体构成的，而是由 3 条大号染色体、4 条中号染色体和 2 条小号染色体构成的。再比如 *C. ericetorum* 也不是由这样的五组染色体构成的，而是由 1 条中号染色体和 14 条小号染色体构成的。因此，这两个物种的染色体群，不是起源于若干组染色体的相加，而是通过其他途径形成的。”在酸模、罂粟、桔梗、堇菜、风铃草和莴苣属植物中，都发现过存在诸多问题的多倍系。在以下物种中发现的两种染色体数目，其中一种是另一种的 2 倍或 3 倍，如车前属（6 和 12）、滨藜属（9 和 18）、茅膏菜（10 和 20）与长距兰（21 和 63）。根据朗利的报告，我们已经知道山楂和覆盆子是复杂的多形态物种，二者呈现出广泛的多倍性。

第十二章
异倍体

一群染色体有时会因为不规则的分裂或分离，导致增加一条或减少一条染色体。因为增减一条或多条染色体而产生新数目的染色体群称为异倍型。含有 3 条某类染色体的染色体群称为三体型（与每类染色体各含有三条的三倍体相区别），“三体”一词也可以与该染色体的序号连写，如三体 - Ⅳ型果蝇。这条额外的染色体，曾被称作超数染色体或 m - 染色体。某对染色体中缺失一条染色体时，可以用“单体”与该染色体序号连写来表示，如单体 - Ⅳ型果蝇。

已经发现了某些待宵草的突变型与增加一条第 15 号染色体之间存在关联的现象。

正常情况下，拉马克待宵草含有 14 条染色体，Lata 型和 Semi-lata 突变型含有 15 条染色体，即增加了一条染色体。（图 12-1）Lata 型待宵草与拉马克待宵草之间的差异比较细微，只有专业人士才能辨别，但在很多细节上都是存在差异的。根据盖茨的报告，某种 Lata 突变体的雄性几乎不具备生殖能力，种子的产量也减少很多。Semi-lata 型的一例突变体产生了若干比较优良的种子。

根据盖茨的研究成果，Lata 型出现的频率随不同的后代而发生变化，大体上保持在 0.1%~1.8%。

图 12-1　Lata 型待宵草的突变型

在成熟时期，15 条染色体突变型的花粉含有 8 条染色体，其中 7 条是成对染色体，1 条是单染色体。第一次成熟分裂时，接合的两条染色体相互分离，分别进入两极。单染色体不分裂，而是整条进入一极。成熟时期也有若干不规则的例证。虽然盖茨认为三体－Ⅳ型的不规则个体比正常个体多，但不能明确这是不是由额外的染色体导致的。

从 15 条染色体的突变型预计可以得到两种生殖细胞。一种含有 8 条染色体，另一种含有 7 条。现有证据表明二者都是存在的。根据遗传学观点，Lata 型与正常型杂交，应该会得到相同数目的 Lata 型（8+7）和正常型（7+7）后代，实际观察到的结果与这一预想大体是吻合的。

究竟哪条染色体成为超染色体，是三体型中最让人感兴趣的问题。既然染色体只能分成七个类别，那么可以预计任意一类的染色体都可能产生三体型。根据德弗里斯的观点，待宵草有七种三体型，这可以理解为七种可能存在的超染色体。

应该注意到的是，含有两条超染色体（同类或异类）的四体型，可能不如三体型那样容易存活。已经知道的是，这种四体型是存在的。例如，三体型的精子和卵子各含有 8 条染色体，两者受精产生的个体可能有额外获得两条同类染色体的机会，由此就会产生这类染色体的四体型。生殖细胞各含有 8 对染色体的四体型应该是比较稳定的，但与只含有一条额外染色体的三体型相比，可能更不平衡。也发现过 16 条染色体类型，其中有的是从 15 条染色体的三体型中产生的，因此它们具有同一染色体数目的倍数，但还没有关于它们的相对生存能力的报告。

从理论上看，任意一对染色体似乎都可能会重复从三体型中产生四体型的过程。即便这样的操作能够获得稳定性，但基因平衡这一更重要的因素，使成对染色体不可能永远增加。物种含有的染色体数目越多，基因之间的比例变化则越小。与那些含有较少染色体的物种相比，其最初阶段的不平衡状态可能会轻微一些。

布里奇斯在果蝇中发现了第四小染色体的三体型。因为小染色体上含有三个遗传因子，所以不仅可以对新的第四染色体的加入所导致的性状变化进行研究，也可以对这一状况与一般遗传学问题之间的关系进行探讨。另外，也发现含有三条染色体的个体通常不能存活，含有第二或第三染色体的三体型通常也不会存活。

三体 - Ⅳ型果蝇与正常型果蝇的差异较小，因此较难区分。与正常型果蝇相比，三体 - Ⅳ型果蝇体色较深，胸部没有叉形结构（图 4–4），两眼稍小，表面较光滑，两翅稍狭窄并且尖锐。这些细微差别是因为增加了一条第四染色体，这可以从细胞学证据（图 4–4）和遗传学检验两个方面进行验证。三体 - Ⅳ型果蝇与无眼果蝇（第四染色体的稳定突变型）杂交时，按照上述性状，得到的一些子代可以确定为三体 - Ⅳ型。三体 - Ⅳ型果蝇与无眼果蝇反交（图 4–5），孙代果蝇具有完全眼和无眼两种，比例为 5∶1。如图 4–5 所示，如果一个正常基因相对两个无眼基因而言属于显性基因，那么这一结果与预测的数据是相符的。

孙代中含有两条正常第四染色体和一条无眼第四染色体的三体 - Ⅳ型果蝇彼此交配，会得到完全眼和无眼两种个体，二者之比大致为 26∶1。

在上述杂交案例中，一半卵子和一半精子各含有两条第四染色体，预计能够得到若干含有四条第四染色体的果蝇。如果这种四体型果蝇能够正常发育，预计会得到比例为35∶1的完全眼和无眼个体，实际得到的比例（26∶1）与设想的比例（假设四体型可以存活）不相符，这是由四体型不能存活导致的。实际上，从来没有发现过四体型果蝇，这说明虽然第四染色体很微小，但当存在四条第四染色体时，就会破坏基因平衡，以致无法发育为成虫。

与四体型相反的是，还有一种缺少一条第四染色体的异倍体果蝇，即单体－Ⅳ型（图4-1），这一类型多次出现过。据说，有时小染色体可能会因为发生减数分裂而两条同时进入一极，导致一条染色体在胚迹中缺失。单体－Ⅳ型果蝇的体色稍浅，胸部的三叉纹比较明显，眼睛较大并且表面较粗糙，刚毛细小，双翅稍短，其触角的刚毛退化甚至消失。这些性状全都与三体型性状相反。如果第四染色体上的一些基因和其他基因一起对果蝇的许多性状产生影响，就比较容易理解这些差异了。增加一条染色体，影响程度就会加强；缺少一条染色体，影响程度就会削弱。与正常型果蝇相比，单体－Ⅳ型果蝇要晚四到五天孵化，并且通常不具备生殖能力，一般产卵量较少，死亡率也更高。很多现有的细胞学与遗传学证据，都表明这些果蝇体现出的特征，是由一条染色体的缺失导致的。

目前还没有发现过缺少两条第四染色体的果蝇，如果两只单体－Ⅳ型果蝇交配，其子代各型间的比例（单体－Ⅳ型130只，正常型100只）显示，完全缺失第四染色体的果蝇（缺对－Ⅳ型）不能存活。

如果双倍型无眼果蝇与第四染色体携带正常基因的单体－Ⅳ型果蝇交配，那么得到的子代中有一些具备无眼性状，并且必然属于单体－Ⅳ型。从理论上讲，一半子代应该是无眼果蝇，但因为单条第四染色体携带无眼基因，导致单倍体果蝇的存活率比预计的数字低98%，这种情况同样适用于单条第四染色体携带的其他隐性突变型基因（弯翅和剃毛）。根据布里奇斯的研究成果，弯翅基因使存活率下降95%，剃毛基因使存活率下降100%，这就意味着，单体－剃毛型果蝇不能发育。

Datura stramonium 曼陀罗含有 24 条染色体。布莱克斯利和贝林发现很多栽培型曼陀罗含有 25 条染色体（$2n+1$），大多数可以按照十二种类型进行划分，各含有一条不同的额外染色体。这十二种类型所体现出的很多细微而稳定的差异，涉及这一植物的所有部位。在蒴果上，就很充分地体现了这一点。（图 12–2）其中，至少有两种类型（三体 –Globe 型和三体 –Poinsettia 型）的额外染色体含有孟德尔式因子，布莱克斯利、

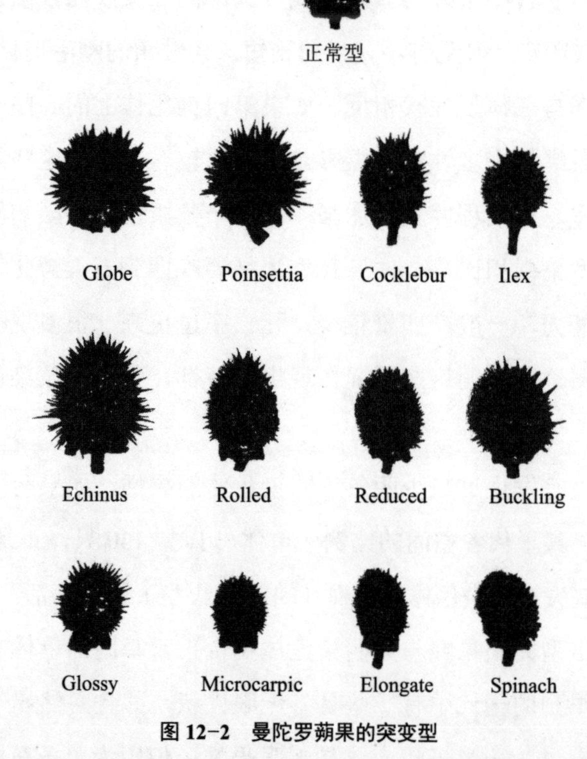

图 12–2　曼陀罗蒴果的突变型

注：曼陀罗的正常型蒴果及十二种可能的三体型蒴果（根据布莱克斯利的研究）。

埃弗里（Avery）、法纳姆和贝林的研究成果，证明了至少在这两种类型之中第 25 号染色体是彼此不同的。尤其是在三体 –Poinsettia 型中有一条含紫茎白花基因的额外染色体，对遗传的影响最显著。由此推断，含有

额外染色体的生殖细胞比正常型的生殖细胞存活率更低，进而减少了某种预测类型的数字。实际上，这些生殖细胞（n+1）完全不通过花粉来传递（即便传递，也仅传递一小部分），经由卵子传递的也仅占卵子总数的30%。如果把这些因素都计算在内的话，那么观察到的遗传研究结果就与预测数据相吻合了。

在对三体型曼陀罗的研究中，布莱克斯利和贝林发现大约有十二种存在明显差异的类型都属于 2n+1 或三体系。而刚好曼陀罗含有 12 对染色体，预计只可能得到 12 种纯粹的三体型，实践证明其初级三体型也只有 12 个。其他三体型可以叫作次级三体型，似乎各属于某一个初级三体型。（图 12-3）其证据可以从如下几个方面得出，即类似的外形和体内结构［如辛诺特（Sinnott）所证明的］，相同的遗传方式（某个被标记的染色体将产生同样的三体型遗传），在同一染色体群内一种类型产生另一种类型的交互作用，以及额外染色体的体积（贝林）。

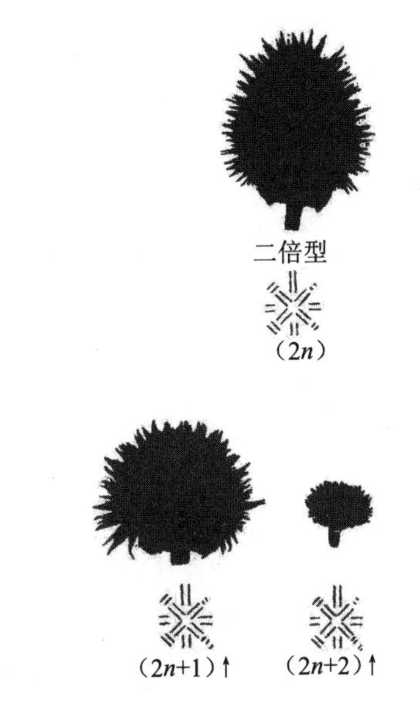

图 12-3　正常型与异体型（2n+1 与 2n+2）曼陀罗的蒴果

注：正常二倍型曼陀罗（2n）的蒴果，与 2n+1、2n+2 两型蒴果相对照（根据布莱克斯利的研究）。

表 12-1 罗列了三倍体产生的（2n+1）初级型与次级型的自然发生频率，其都是由三倍体产生的。

表 12-1 三倍体产生的（2*n*+1）初级型和次级型自然发生频率

	3*n* 自交	3*n*×2*n*	合计
1. 初级型 Globe	5	46	51
2. 初级型 Poinsettia 次级型 Wiry	5 —	34 —	39 —
3. 初级型 Cocklebur 次级型 Wedge	6 —	32 1	38 1
4. 初级型 Ilex	4	33	37
5. 初级型 Echinus 次级型 Mutilated Nubbin（?）	3 — —	15 （2 ?） —	18 （?） —
6. 初级型 Rolled 次级型 Sugarloaf 次级型 Polycarpic	— — —	24 — —	24 — —
7. 初级型 Reduced	3	38	41
8. 初级型 Buckling 次级型 Strawberry 次级型 Maple	9 — —	48 — —	57 — —
9. 初级型 Glossy	2	30	32
10. 初级型 Microcarpic	4	46	50
11. 初级型 Elongate 次级型 Undulate	2 —	30 —	32 —
12. 初级型 Spinach（?）	—	2	2
合计（2*n*+1） （2*n*+1+1） 2*n* 4*n* 总计	43 11 30 3 87	381 101 215 — 697	424 112 245 3 784

表 12-2 显示初级型与次级型（2*n*+1）突变种的自然发生频率，其中，初级型比次级型发生的次数多。繁育实验表明，初级型只是偶尔才产生次级型，但次级型却可以产生初级型，并比产生其他群的新突变型多。所以，Poinsettia 型共计产生了 31 000 个子代植株，其中，Poinsettia 型大致占 28%，次级型 Wiry 大致占 0.25%。相反，当 Wiry 型为亲株时，其子代中的初级型 Poinsettia 仅占 0.75%。

表 12-2 初级型与次级型（2*n*+1）突变种的自然发生频率

	亲代为 2*n*	亲代为不同群的 2*n*+1	合计
1. 初级型 Globe	41	107	148
2. 初级型 Poinsettia 次级型 Wiry	28 —	47 1	75 1
8. 初级型 Buckling 次级型 Strawberry 次级型 Maple	27 1 —	71 1 2	98 2 2
9. 初级型 Glossy	8	11	19

续表

	亲代为 $2n$	亲代为不同群的 $2n+1$	合计
3. 初级型 Cocklebur 次级型 Wedge	7 —	17 —	24 —
4. 初级型 Ilex	19	27	46
5. 初级型 Echinus 次级型 Mutilated 次级型 Nubbin（?）	10 2 1	11 4 —	21 6 1
6. 初级型 Rolled 次级型 Sugarloaf 次级型 Polycarpic	24 3 3	47 9 —	71 12 3
7. 初级型 Reduced	25	44	69
10. 初级型 Microcarpic	64	100	164
11. 初级型 Elongate 次级型 Undulate	— —	2 1	2 1
12. 初级型 Spinach（?）	6	4	10
合计（$2n+1$）	269	506	775
同群（$2n+1$）	—	22 123	22 123
$2n$	32 523	70 281	102 804
总计	32 792	92 910	125 702

Wedge 是 Cocklebur 型中的一个次级型。Wedge 型的育种实验为次级型与初级型之间的关系提供了如下证据。Poinsettia 型与其次级型 Wiry 在 P、p 这两个色素因子的遗传上，都得到了三体型的比例关系，但在 spine 因子的 A、a 遗传上，却得到了二体型比例，表明 Poinsettia 型和 Wiry 型的额外染色体与 P、p 因子属于同一组，而不与 A、a 因子属于一组。同样，Cocklebur 型的比例则表明这一初级型的额外染色体与 A、a 因子属于一组，而不与 P、p 因子属于一组。但是，其次级型 Wedge 在 A、a 遗传上没有得到三体型比例，实际得到的数据与二体型的遗传比例相近，而与三体型比例存在差异。有力证据表明，Wedge 是 Cocklebur 型的次级型，因此上述比例似乎表示 Wedge 型的额外染色体缺乏 A、a 基因点。假设用 A′ 来表示缺失发生后的染色体，减数分裂时的 Wedge 型 A′Aa 中的 A、a 分离，各进入一极，这将产生 A+a+AA′+aA′ 四种配子，这一行为解释了表中的比例。如果说 A′ 代表 A 因子的缺失，那么 aA′ 配子中缺乏 A 因子，于是得到实际观察到的 Armed 和 Inermis Wedge 二体型比例（表中没有列出）。如果说有时 A 与 a 进入同一极，那么配子必然分为 A′（大多死亡）和 Aa 两种类型，进而导致 Wedge 型有时产生初级型 Cocklebur。

“次级型额外染色体上存在缺失的假说，可以从贝林的细胞学研究中获得支撑。不过，贝林的颠倒交换假说指明染色体的某一部分加倍，而其余部分存在缺失，从而完成了这幅图画。”

还有报告指出，四倍型曼陀罗增加了一条染色体。（图 12-4）如图 12-4 所示，某一群含有五条相同的染色体，另一群含有六条相同的染色体。

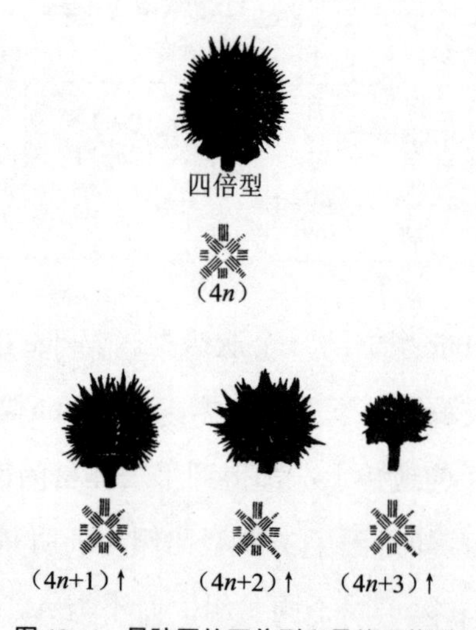

图 12-4　曼陀罗的四倍型和异体四倍型

注：图上方显示了四倍型蒴果，图下方显示了 4n+1、4n+2、4n+3 几种类型的蒴果（根据布莱克斯利的研究）。

贝林与布莱克斯利在对曼陀罗的初级三体型和次级三体型中三条染色体的接合方式进行研究时，发现二者存在一定的差异，这种差异对我们了解二者之间的关系有所启示。图 12-5 上面一行表示初级型三条染色体的各种接合方式，下面的数字表示该类型出现的次数。其中，三价 -V 型是最普通的接合方式（48），其次是环 - 棒型（33），再次是 Y 型（17），接下来分别是直链型（9）、环型（1）、双环型（1），还有一种是两条成环、另一条独立的类型（9+）。既然假设染色体是通过相同的两端靠拢进而接合在一起的，那么就可以假设在上述各型中，相同的两端（如 A 与

A，Z 与 Z）依然相互接触（如图 12–5 上面一行所示）。

初级型 25 条染色体中的十种类型

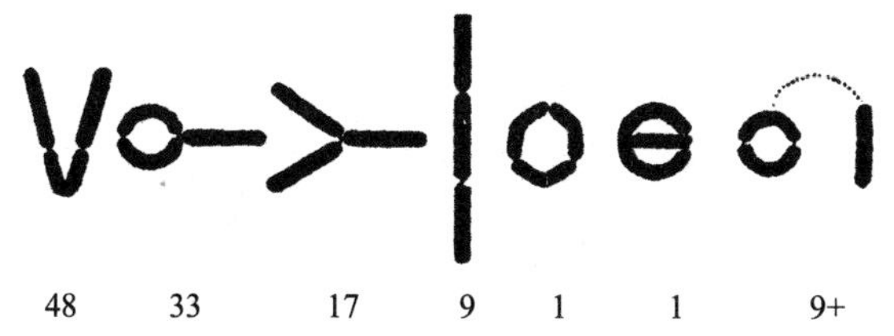

次级型 25 条染色体中的八种类型

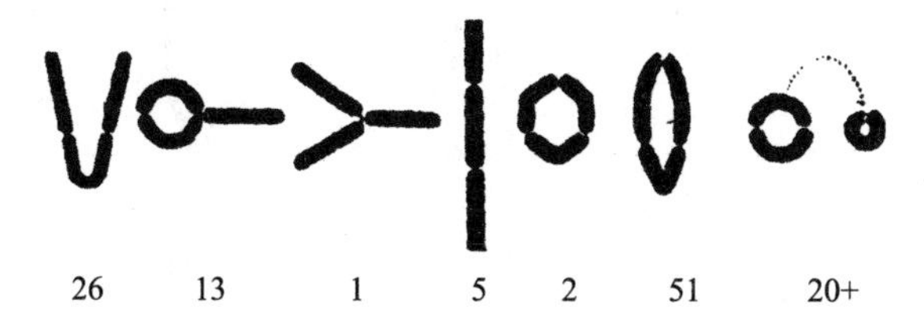

图 12–5　曼陀罗初级型与次级型染色体的组合 [1]

注：三体型曼陀罗的三条染色体的接合方式（根据贝林和布莱克斯利的研究）。

图 12–5 的下面一行显示的是次级型三条染色体的各种接合方式。在接合方式上，次级型与初级型大致类似，但二者发生的次数不同。最明显的区别在于右侧的最后两种类型，其中一种是三条染色体连成长环，另一种是一环由两条染色体构成，另一个小环则由一条染色体构成。这两种类型说明某条染色体的一端已经出现了某种变化。贝林和布莱克斯利提出过一个假设，阐释了三倍型亲株或初级三价型的前一时期是如何出现这一变化的。例如，假设两条染色体像图 12–6 所示的那样位置颠倒过来进行接合，再假设二者在中间部位发生了交换，即只有相同基因并列在唯一的平面上进行交换。结果，每条染色体的两端都相同，一条染色体的两端为 A、A，另一条的两端为 Z、Z。这一染色体在下一代作为三价染色体中的一条出现，就可能形成如图 12–7（下面一行）所示的那

[1] 图中所说“十种类型”“八种类型”并未完全体现，原文即如此，特此说明。——译者注

种 Z–Z 染色体和两条正常染色体接合的联合方式，也就是相同的两端接合在一起。

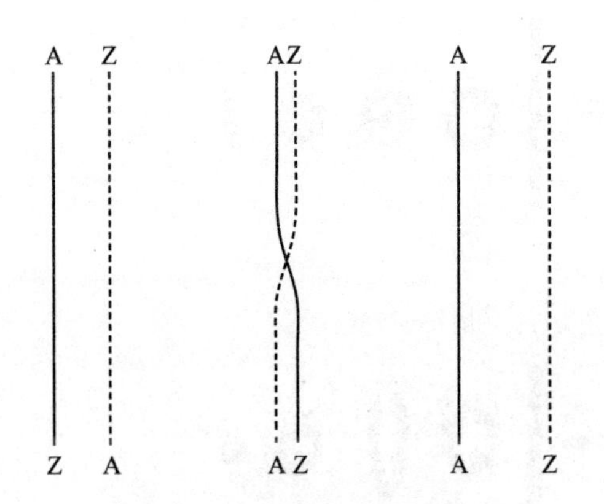

图 12–6　假设染色体位置颠倒接合

注：图示两条染色体方向相反时可能发生的接合。

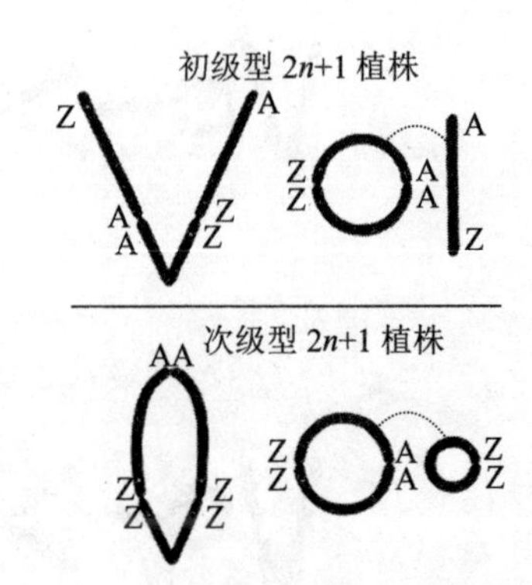

图 12–7　曼陀罗初级异体型染色体和次级异体型染色体的接合

注：图示三体型的 3 条染色体的可能接合类型（根据贝林和布莱克斯利的研究）。

如果这种次级型特有的环型结构可以按照前述解释来理解，那么在三价染色体中，有一条会存在半截重复，这与其他两条不同。次级型的基因组合也与初级型的基因组合不同。

桑田义备（Yoshinari Kuwada）报告称，玉米（*Zea mays*）含有 20 条染色体（n=10），而一些糖质玉米含有 21 条、22 条，有时甚至是 23 条、24 条染色体。桑田义备认为玉米是杂交种，其亲代中的一种是墨西哥 *teosinte* 种（*Euchlaena*）。在玉米的一对染色体中，一条较长，一条较短。桑田义备认为较长的染色体来自 *teosinte*，较短的染色体来自一个不知名的物种。有时较长的染色体会分裂为两段，这解释了糖质玉米中出现的染色体增加的现象。如果这一解释成立的话（最近已经出现了对这一解释的质疑），那么上述 21 条、22 条、23 条染色体类型就不能算作严格意义上的三体型。

德弗里斯对拉马克待宵草的额外染色体的研究结果，对于阐释进步性突变的起源，即解释突变与进化的关系问题，有着重要意义。在三体型性状上经常观察到的很多细微变化，与德弗里斯此前对初级物种的形成如同瞬间出现两个初级物种的定义相吻合。

值得注意的是，就生殖物质而言，因为染色体数目增加一条而导致突变影响出现时，就涉及遗传单元实际数目的改变。这一改变不能与单个化学分子内的变化相比拟。除非是将染色体视为一个单元，否则这种比较不具备明显的意义。但是，从基因的观点看，染色体的组成很难适用于此类比较。

就我所理解的，异倍体最重要的一点在于，它们解释了细胞分裂与成熟机制偶尔反常时所出现的那些奇怪而又令人感兴趣的遗传现象。不稳定类型一旦产生，并且只要它们能够继续保持存在，它们就会一直是不稳定的，即多出一条额外染色体。在这一方面，它们与正常的类型和物种存在明显区别。其次，大多数的证据都表明，这些异倍体的生存能力比它们所来自的平衡型弱，因此，它们很少有机会在不同的环境下取代原种。

不过，我们必须把异倍体的出现视为一个重大的遗传事件，理解它们就有可能弄清楚很多事情，如果没有对它们的染色体进行深入研究，就很难理解这些复杂的情况。

德弗里斯分辨出六种三体突变型。之后，他又辨认出第七种。第七种与前六种的遗传学关系比前六种相互之间的遗传学关系具有更显著的差异。德弗里斯认为这七个类型相当于待宵草的七条染色体，其中前六种如下所示：

第 15 号染色体突变型：

1. Lata 群

    a. Semi−lata

    b. Sesquiplex 突变型：albida，flava，delata

    c. Subovata，sublinearis

2. Scintillans 群

    a. Sesquiplex 突变型：oblonga，aurita，auricula，nitens，distans

    b. Diluta，militaris，venusta

3. Cana 群：candicans

4. Pallescens 群：lactuca

5. Liquida

6. Spathulata

相关的染色体群如图 12–8 所示。

上面的六种初级突变型之下各含有若干次级型。初级型与次级型的关系不只体现在性状的相似上，还体现在二者互相产生的频率上。例如，albida 和 oblonga 两种类型各含有两种卵子和一种花粉，称作 one-and-one-half 型，即 Sesquiplex 突变型。还有一种次级型 candicans 也是 Sesquiplex 型。在染色体群中，中央染色体即最长的染色体上面（图 12–8）含有 Velutina 的一些“因子”或 Lata 群的一些“因子”。德弗里斯根据沙尔的研究结果，将新突变型 Funifolia 和 Pervirens 划分到里面。按照沙尔的观点，拉马克待宵草的另外五种突变体[1]，以及若干促使这些因子保持平衡致死状态的致死因子，应该大多属于该类型。沙尔认为，这些隐性性状之所以出现，是因为这一部分被认为是中央染色体的一对染色体之间发生了交换。[2]

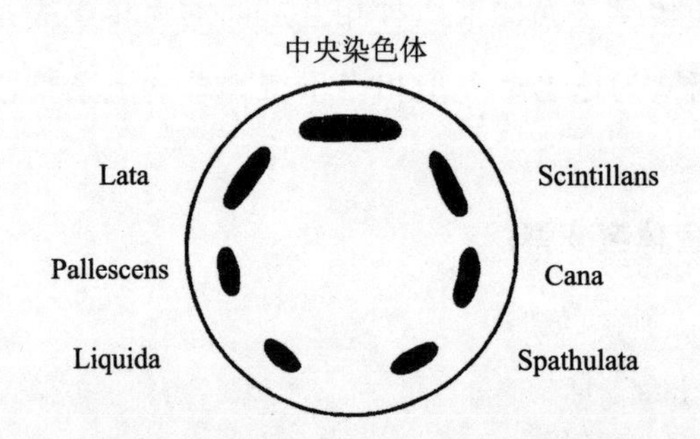

图 12–8　待宵草突变型与特殊染色体的关系（想象的关系）

注：图示德弗里斯对拉马克待宵草的七条染色体与三体突变型之间关系的研究观点。

---

[1] 红萼芽体及其四个等位因子：红茎（加强因子）、短株、桃色锥状芽和硫色花。

[2] 埃默森最近指出，到目前为止，沙尔发现的证据不足以作为他所提出的平衡致死关系的证明。

第十三章
物种间的杂交与染色体数目的变化

不同染色体数目的物种相互杂交，其结果显示出一些比较有意思的关系。某一物种的染色体或许正好是另一物种的 2 倍或 3 倍，还有一些例子表明，数目较多的染色体群也可能不是另一群的倍数。

罗森贝里在 1903—1904 年所进行的两种茅膏菜杂交实验，就是一个经典的例证。

长叶种茅膏菜（*Drosera longifolia*）含有 40 条染色体（n=20），圆叶种（*D. rotundifolia*）含有 20 条染色体（n=10）（图 13−1），它们的杂交种含有 30 条染色体（20+10）。杂交种生殖细胞成熟时，含有 10 条接合染色体（即二价染色体）和 10 条单染色体（单价染色体）。根据罗森贝里的说法，这表明长叶种的 10 条染色体和圆叶种的 10 条染色体接合，长叶种余下的 10 条染色体没有配对的对象。生殖细胞第一次分裂时，接合染色体各分成两条，并各自向相反的一极移动。10 条染色体没有分裂，不规则地分布在两个子细胞内部。遗憾的是，这类杂交种不具备生殖能力，无法进行进一步的遗传学研究。

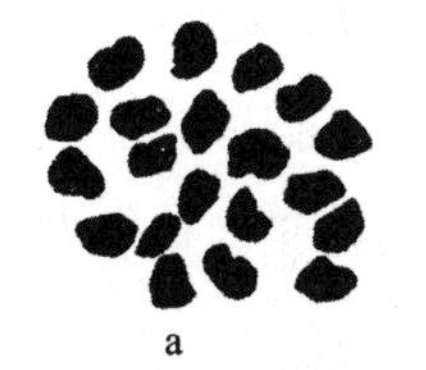

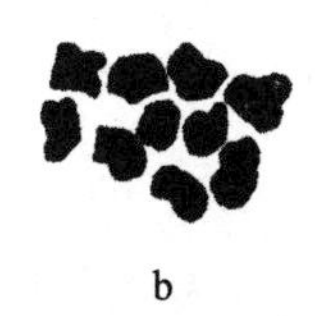

图 13−1　茅膏菜的二倍染色体群与单倍染色体群

古德斯皮德（Goodspeed）和克劳森对两种烟草（*Nicotiana tabacum* 和 *N. sylvestris*）的杂交进行了广泛的研究。但是，二者的染色体数目是最近才明确的。*N. tabacum* 含有 24 条染色体（*n*=12），*N. sylvestris* 含有 48 条染色体（*n*=24）。染色体数目上的差异并没有与遗传学研究成果建立起联系，也没有关于染色体在成熟分裂中的活动的报告。

两种烟草杂交产生的杂交种与 *tabacum* 亲型完全相似，甚至在 *tabacum* 亲型基因相对于 *tabacum* 种的正常因子呈现出纯隐性作用时（与 *tabacum* 型的某些变种进行杂交）也是这样。古德斯皮德和克劳森认为，这是因为相对于 *sylvestris* 基因而言，*tabacum* 的整群基因呈现出显性作用。他们指出：在杂交种的胚胎发育过程中，*tabacum* 的“反应系”占据优势，或者表述为“这两系的要素之间一定是非常矛盾的”。

杂交种不具备生殖能力的程度很高，但也产生了少量具备功能的胚珠。正如繁育结果所表明的，这些胚珠要么完全（或多数）属于纯正的 *sylvestris* 型，要么完全（或多数）属于纯正的 *tabacum* 型。似乎只有当杂交种的胚珠具备任一型的整组（或几乎是整组）染色体时，才能（或多数能）具备功能。这一观点的依据来源于接下来的实验。

当杂交种与 *sylvestris* 花粉受精时，将产生各种类型。很多植株的性状完全属于纯合的 *sylvestris* 型。这些植株具备生殖能力，会产生纯合的 *sylvestris* 型后代，所以只能假定它们是含有 *sylvestris* 染色体群的胚珠与 *sylvestris* 的花粉受精的结果。也存在一些与 *sylvestris* 型类似的植株，含有大体上从 *tabacum* 型染色体群获得的其他要素。它们都不具备生殖能力。

杂交种回交 *tabacum* 没能成功，但在田间自由授粉过程中，出现了少量与 *tabacum* 类似的杂交种，所以这些杂交种一定是与 *tabacum* 花粉受精形成的。其中有一些是具备生殖能力的。它们的后代完全不呈现出 *sylvestris* 性状。不管它们含有哪些 *tabacum* 基因，这些基因都呈现出孟德尔式的分离现象。这其中也存在着不具备生殖能力的植株，同 *tabacum* 和 *sylvestris* 杂交产生的杂交种相似。

这些不同寻常的结果还有着其他方面的重要意义。子代杂交种可以通过以下办法产生，即每一物种都可以作为胚珠的母株。因此得出这样一个观点：即便是在 *sylvestris* 的胞质内部，*tabacum* 的一群基因也能够完全决定个体的性状。由于这一结果是从差异极大的两个物种的胞质中得到的，所以这就成为基因决定个体性状上一个具有影响力的显著证据。

虽然古德斯皮德和克劳森所提出的反应系概念比较新颖，但原则上与基因的一般解释不存在冲突。它只表明在 *sylvestris* 的单组基因与 *tabacum* 的单组基因对立时，*sylvestris* 的基因完全地隐藏起来，不发挥作用。但是，*sylvestris* 染色体仍然保持原状。它们没有被抛弃，也没有发生缺失，之所以这样断定，是因为从杂交种与 *sylvestris* 亲株的回交中，可以重新获得一组具备功能的 *sylvestris* 染色体。

巴布科克（Babcock）和科林斯（Collins）用各种还阳参属 *Crepis* 植物进行了杂交。曼女士（1925）对这些杂交种的染色体也进行了研究。

Crepis setosa 含有 8 条染色体（n=4），*Crepis capillaris* 含有 6 条染色体（n=3）。科林斯和曼让这两个品种杂交，杂交种含有 7 条染色体。成熟时，有的染色体成对接合，有的染色体不分裂，分散在花粉母细胞中，形成胞核，各含有 2~6 条染色体。第二次分裂时，所有染色体，至少在为数较多的一群染色体中，各自分裂，子染色体分别进入相反的两极。通常胞质会分裂为四个细胞，但有时也分裂为 2 粒、3 粒、5 粒或 6 粒花粉粒。

含有 7 条染色体的杂交种，不会产生具备功能的花粉，但有些胚珠还是具备功能的。杂交种胚珠与某一亲株的花粉受精，得到五个植株，各含有 7~8 条染色体。检查一株含有 8 条染色体的植株的成熟分裂情况，发现其含有 4 条二价染色体，显示出正常的分裂情况。这一株的性状与 *C. setosa* 相似，并具备相同类型的染色体。这样就恢复了一种亲型。

另外一例是 *Crepis biennis* 与 *C. setosa* 杂交，前者具有 40 条染色体（n=20），后者含有 8 条染色体（n=4），二者的杂交种含有 24 条染色体

（20+4）（图 13−2）。杂交种的生殖细胞成熟分裂时，至少会产生 10 条二价染色体和少量的单价染色体。因此，我们认为，既然 *setosa* 只提供了 4 条染色体，那么 *biennis* 染色体中势必存在一些接合。在随后的细胞分裂中，有 2~4 条染色体落后于其他染色体，但最后大部分都进入一个胞核。

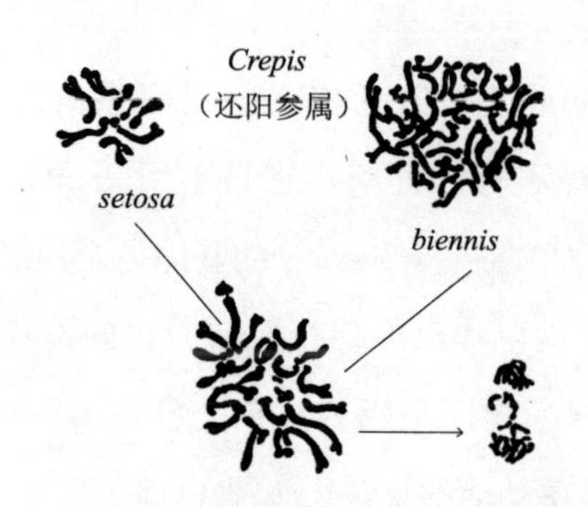

图 13−2　*Crepis setosa* 和 *Crepis biennis* 及其杂交种的染色体群

子代杂交种具备生殖能力。孙代植株含有 24 条或 25 条染色体。这似乎预示着存在产生一个稳定的新型的可能性。这一新型具有新的染色体数目，其中，一对或多对染色体来自染色体数目较少的物种。杂交种含有 10 条二价染色体，这说明 *Crepis biennis* 是一个多倍体，并且可能是一个八倍体。其子代杂交种的同类染色体成对接合。含有一半 *biennis* 染色体的杂交子代是一年生植物，与二年生的 *biennis* 存在差异。染色体数目减半，导致生活习性改变，其植株成熟时间只是二年生型的一半。

朗利描述过两种墨西哥大刍草 *teosinte*：一种是墨西哥型 *mexicana*，是含有 20 条染色体（n=10）的一年生植物；一种是多年生型 *perennis*，是含有 40 条染色体（n=20）的多年生植物。两种植物都进行正常的减数分裂。让二倍体 *teosinte*（n=10）与玉米（n=10）进行杂交，杂交种含有 20 条染色体。在成熟时，杂交种生殖细胞各含有 10 条二价染色体。这一情况通常会解释为 10 条 *teosinte* 染色体与 10 条玉米染色体之间发生了接合。

当多年生 *teosinte*（n=20）与玉米（n=10）杂交时，产生的杂交种含有 30 条染色体。在杂交种花粉母细胞的第一次成熟分裂中，可以发现一些三价染色体群松散地接合在一起，还有一些二价染色体群和一些单染色体，三者的比例关系为 4∶6∶6 或 1∶9∶9 或 2∶10∶4，如图 13−3b 所示。在第一次成熟分裂中，二价染色体各自分裂，分裂后的两条染色体分别进入两极。三价染色体也分别分裂，两条染色体进入一极，另一条进入另一极。单染色体行动较为缓慢，不规则地（没有分裂）。趋于两极（图 13−3c）结果，染色体分布非常不均衡。

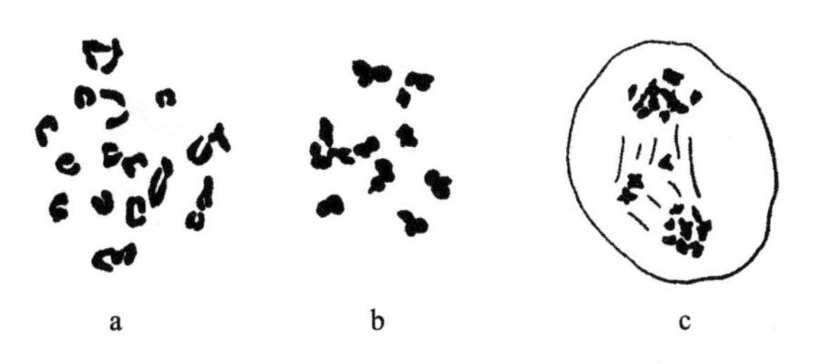

图 13−3 多年生与一年生 *teosinte* 的染色体群

注：a 为多年生 *teosinte*，b 为与玉米杂交后的杂交种，c 为杂交种的减数分裂（根据朗利的研究）。

最近还出现了一个例子，涉及染色体数目具有很大差异的两个物种的杂交，结果产生了具备生殖能力的稳定的新型杂交种。永达尔（Ljungdahl）（1924）让含有 14 条染色体（*n*=7）的罂粟 *Papaver nudicaule* 与含有 70 条染色体（*n*=35）的 *P. striatocarpum* 进行杂交（图 13−4），产生的杂交种含有 42 条染色体。杂交种的生殖细胞成熟时，得到了 21 条二价染色体（图 13−4b，图 13−4c~e）。二价染色体分裂后，每一极都得到了 21 条染色体。不存在任何一条单染色体，也不存在任何一条停留在纺锤体上的染色体。这一结果，只能解释为 *nudicaule* 的 7 条染色体与 *striatocarpum* 的 7 条染色体发生了接合，剩下的 28 条 *striatocarpum* 染色体成对接合，产生 14 条二价染色体。二者相加，一共得到 21 条二价染色体，与通过观察得到的数字吻合。因此，我们可以顺理成章地得到以下假设：含有 70 条染色体（*n*=35）的 *striatocarpum* 可能是一种十倍体，即每类染色体都含有 10 条。

新型子代产生了含有 21 条染色体的生殖细胞。新型平衡、稳定，并且具备生殖能力，预计能够产生一个稳定的新型。因此，从理论上看，再产生其他稳定的类型也是可能的。如果新型子代回交 *nudicaule*，应该会产生四倍型（21+7=28）；如果回交 *striatocarpum*，应该会产生八倍型（21+35=56）。这样，通过将二倍体与十倍体进行杂交，在以后的后代中能够产生稳定的四倍体、六倍体和八倍体类型。

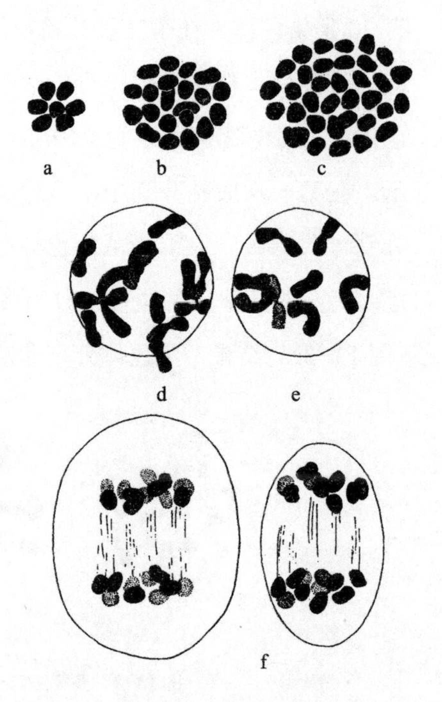

图 13-4　两种罂粟及其杂交种的染色体群

注：a 表示 *P. nudicaule*，含有 14 条染色体（*n*=7）；c 表示 *P. striatocarpum*，含有 70 条染色体（*n*=35）；b 为二者的杂交种，含有 42 条染色体（*n*=21）；d、e 表示杂交种的胚胎母细胞；f 表示杂交种的第一次成熟分裂后期（根据永达尔的研究）。

在费德莱用拟扇舟蛾属 *Pygaera* 的各种蛾类进行的实验中（参见第九章），阐释了一种非常不一样的关系。杂交种生殖细胞内的染色体不能接合，最终导致 2 倍数目的染色体保留下来。这个 2 倍的数目能够通过回交继续得以保持，但因为杂交种丧失了生殖能力，所以在自然条件下，通过这种组合来得到持久类型的可能性很小。

第十四章
性别与基因

迄今为止，学者们主要从两个方面获得有关性别决定机制的知识。细胞学家发现了某一染色体所起的作用，遗传学家则进一步发现了有关基因作用的一些重要事实。

我们已经知道了性别决定机制的两种主要类型。这两种类型最初看上去似乎正好相反，但它们所涉及的原则是一样的。

第一种类型可以叫作昆虫型。这是因为昆虫为这种性别决定机制提供了最恰当的细胞学证据和遗传学证据。第二种类型可以叫作鸟型。这是因为在鸟类中发现了这一性别决定机制的细胞学证据和遗传学证据。蛾类也属于这一类型。

昆虫型（XX-XY）

昆虫型雌虫含有两条称作 X 染色体的性染色体。（图 14-1）卵子成熟时（放出两个极体之后），染色体数目减少一半。这样，每个成熟卵含有一条 X 染色体，除此之外，还有一组普通染色体。雄虫只含有一条 X 染色体。（图 14-1）在一些物种中，X 染色体是独立的；在另一些物种中，X 染色体有一个被称作 Y 染色体的配偶。（图 14-2）在一次成熟分裂中，X 染色体和 Y 染色体分别进入相反的一极。（图 14-2）一个子细胞获得 X 染色体，另一子细胞获得 Y 染色体。在另一次成熟分裂中，染色体各自分裂为子染色体，结果得到四个细胞。这四个细胞后来成为精子，其中两个各含有一条X染色体，另外两个各含有一条Y染色体。

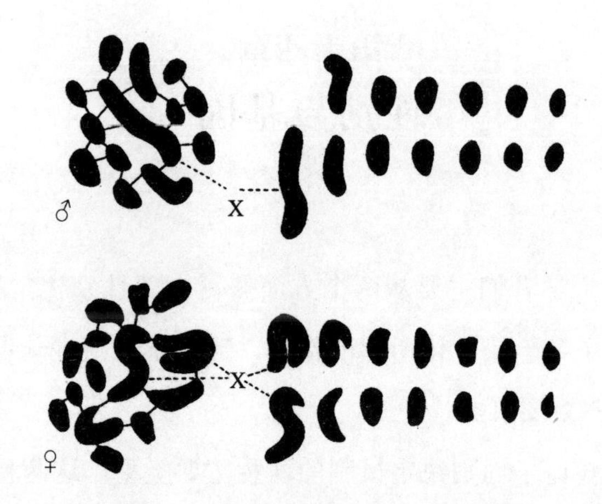

图 14-1　雌雄凤蝶 *Protenor* 的染色体群

注：雄性有一条X染色体，但没有Y染色体；雌性有两条X染色体（根据威尔逊的研究）。

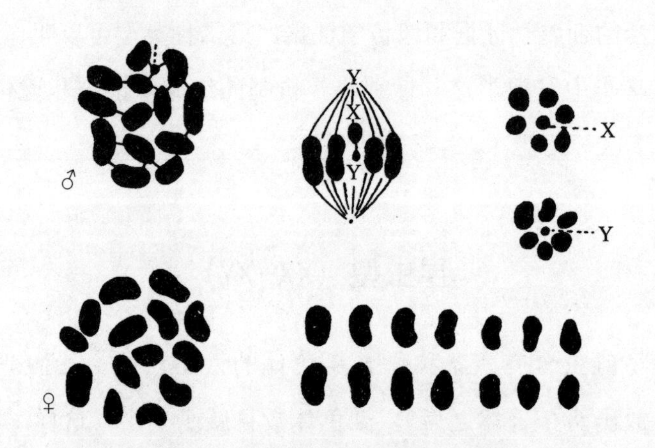

图 14-2　雌雄长蝽 *Lygaeus* 的染色体群

注：雄性有X和Y染色体，雌性有两条X染色体（根据威尔逊的研究）。

任何卵子与X精子受精（图 14-3），就成为雌性，含有两条X染色体。任何卵子与Y精子受精，就成为雄性。两种受精发生的概率相同，预计有半数子代成为雌性，半数子代成为雄性。

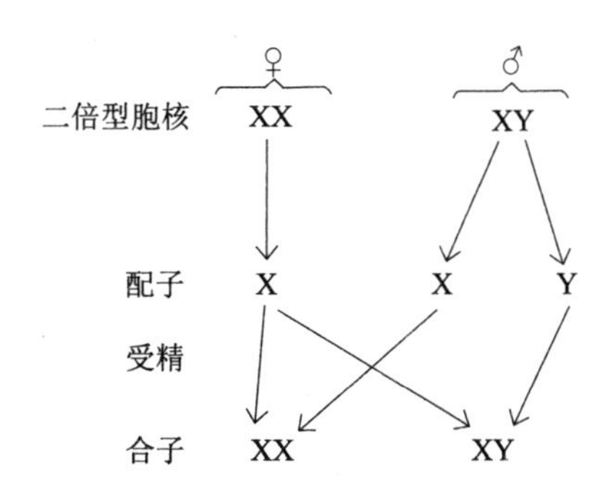

图 14-3 XX-XY 型性别决定机制

根据这一机制，就可以解释某些遗传表面上看似乎与孟德尔式 3∶1 的比例不符，但通过仔细检查，发现这种表面上的例外仍符合孟德尔第一定律。例如，白眼雌果蝇和红眼雄果蝇交配，其子代红眼果蝇为雌性，白眼果蝇为雄性。（图 14-4）如果 X 染色体上携带红眼基因和白眼分化基因，那么前面的解释就很清晰了。子代雄果蝇从白眼母果蝇那里获得了一条 X 染色体；子代雌果蝇既从母果蝇那里得到了一条 X 染色体，又从红眼父果蝇那里得到了一条 X 染色体。父方基因是显性基因，因此所有子代雌果蝇都是红眼。

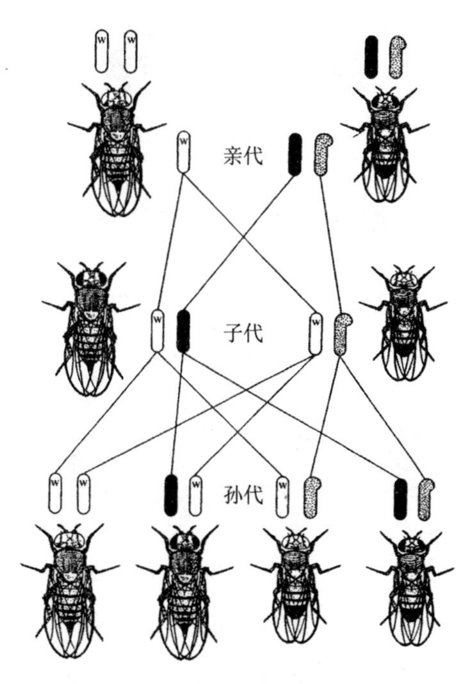

图 14-4 白眼果蝇性状的性连锁遗传

注：中空条代表携带白眼基因（w）的 X 染色体，黑长条代表白眼基因的等位基因，即红眼基因的 X 染色体，加小黑点的代表 Y 染色体。

如果子代雌果蝇与子代雄果蝇交配，在产生的孙代中，白眼雌蝇、雄蝇与红眼雌蝇、雄蝇的比例是 1∶1∶1∶1。这个比例是根据 X 染色体的分布情况得到的，如图 14-4 中间一行所示。

还应引起注意的是，细胞学与遗传学，特别是遗传学证据证明，人类属于 XX-XO 型或者 XX-XY 型。人类染色体的数目是直到最近才准确地确定下来的。之前观察到的比较小的数值，已经被证明是不准确的。这是因为在浸制细胞时存在染色体相互粘连成群的趋势。根据德维尼瓦尔特（de Winiwarter）的研究报告，女性含有 48 条（n=24）染色体，男性含有 47 条染色体。（图 14-5a）这一结果得到了佩因特（Painter）的证实。但佩因特最近指出，男性还有一条作为较大的 X 染色体的配偶的小染色体。（图 14-6）佩因特认为这两条染色体构成一对 XY。如果这一观察正确的话，那么男女各含有 48 条染色体，只是男性的一对染色体的大小存在差异。

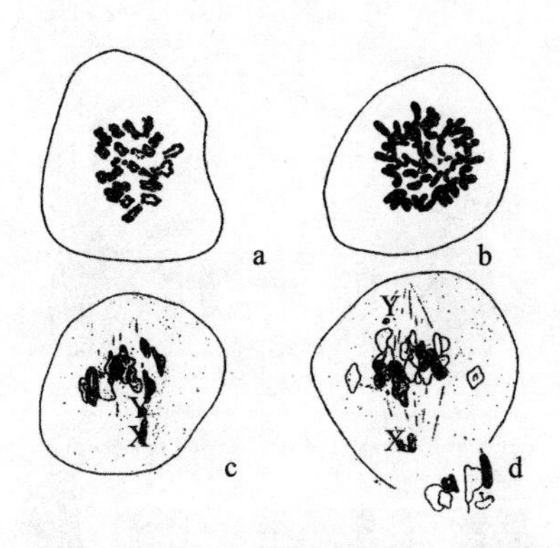

图 14-5　人类染色体群

注：a 表示德维尼瓦尔特所描述的减数分裂后的人类染色体群；b 表示佩因特所描述的人类染色体群；c、d 是基于佩因特的观点，所显现的 X 染色体与 Y 染色体相分离的侧视图。

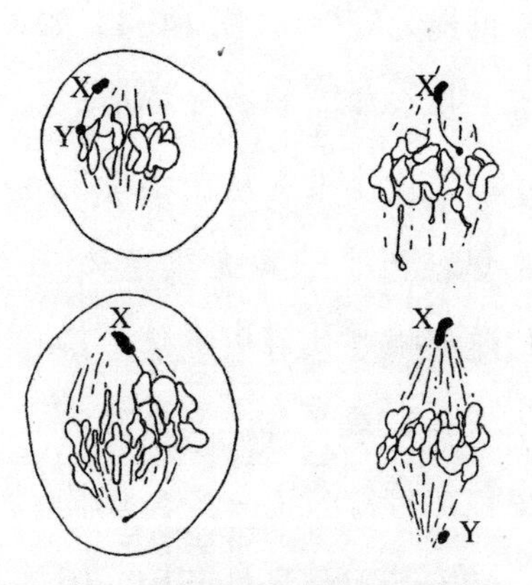

图 14-6　人类精子产生过程中 X 染色体与 Y 染色体的分离

注：图示人类生殖细胞成熟分裂时 X 染色体与 Y 染色体的分离（根据佩因特的研究）。

距现在更近的小熊捍（Mamoru Oguma）没能在男性染色体中发现 Y 染色体，证实了德维尼瓦尔特所观察到的染色体数目。

人类性别的遗传学证据是很明确的。例如，血友病、色盲以及另外两三种性状，都是按照与白眼果蝇一样的遗传方法遗传给后代的。

下列各群动物属于 XX-XY 型或该型的 XX-XO 变型，O 表示缺乏 Y 染色体。根据报告，除人类以外，还有其他哺乳动物也适用于这一机制。例如马和负鼠，也可能包括豚鼠。两栖类动物也多半属于这一机制，硬骨鱼也一样。大多数昆虫属于这一机制，鳞翅目（蛾、蝶）则是例外。膜翅类适用于另外一种性别决定机制（见下文）。线虫和海胆属于 XX-XO 型。

鸟型（WZ-ZZ）

图 14-7 显示了另一种性别决定机制——鸟型。雄鸟含有两条相同的性染色体，可以称作 ZZ。这两条染色体在一次成熟分裂中相互分离。这样，每个成熟的精子都含有一条 Z 染色体。雌鸟含有一条 Z 染色体和一条 W 染色体。卵子成熟时，每个卵子只得到一条染色体。半数卵子含有一条 Z 染色体，半数卵子含有一条 W 染色体。任何 W 卵子与 Z 精子受精，都会成为雌性（WZ）；任何 Z 卵子与 Z 精子受精，都会成为雄性（ZZ）。

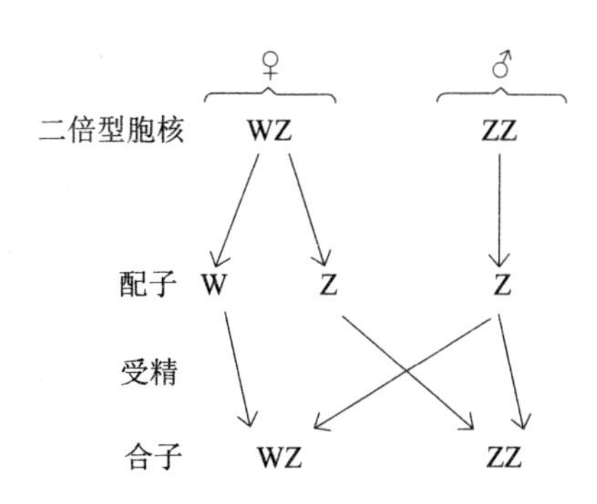

图 14-7　WZ-ZZ 型性别决定机制

这样，我们就又发现了一种可以自动产生同等数目的雌雄两性个体的机制。与前例一样，在受精时所形成的染色体组合中，能够产生 1∶1 的性别比例。禽类中关于这一机制的证据来源于细胞学和遗传学两个领域，只是细胞学证据还不能令人完全满意。

根据史蒂文斯（Stevens）的研究，公鸡似乎含有两条长度相同的长染色体（图 14-8），假定为 ZZ，母鸡只有一条长染色体。日瓦戈（Zhivago）和汉斯证实了这种关系。

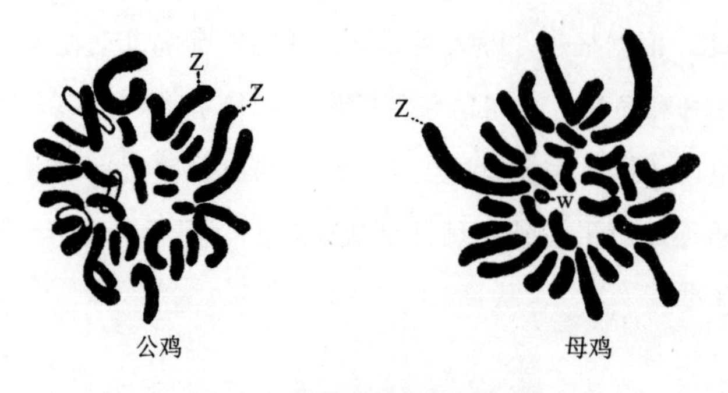

图 14-8 公鸡与母鸡的染色体群

禽类的遗传学证据没有任何问题，这些证据来源于性连锁遗传，如果让黑色狼山公鸡与花纹洛克母鸡交配，得到的子代公鸡都带有花纹，母鸡则都是黑色的。（图 14-9）假设 Z 染色体上存在分化基因，那么这些结果的得出将是意料之中的事情，因为子代母鸡那一条 Z 染色体来自父方。如果让子代公鸡与母鸡交配，那么将按照 1∶1∶1∶1 的比例得到黑色公鸡、母鸡与花纹公鸡、母鸡这四种类型。

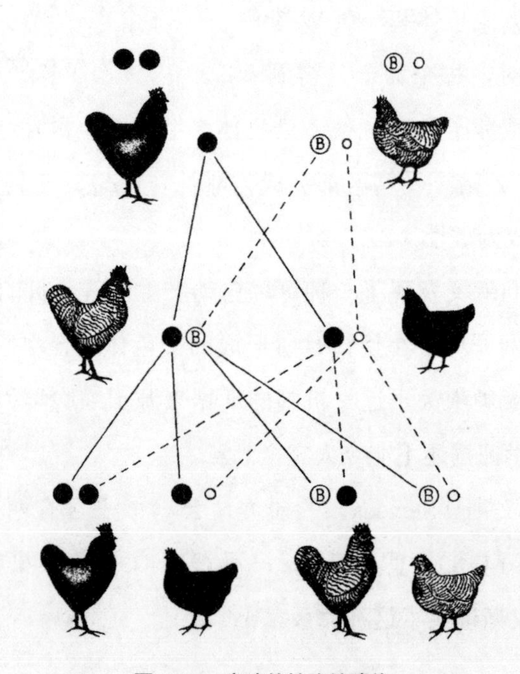

图 14-9 家鸡的性连锁遗传

注：图示黑鸡（●）与花纹鸡（Ⓑ）的杂交，阐释了家鸡的性连锁遗传。

在蛾类中也发现了相同的遗传机制，只不过其细胞学证据更为明确一些。尺蠖蛾 *Abraxas* 的深色野生型雌蛾与浅色突变型雄蛾交配，得到的子代雌蛾的浅色与父方一样，子代雄蛾的深色与母方一样。（图 14-10）雌蛾的一条 Z 染色体来自父方；雄蛾的一条 Z 染色体来自父方，另一条 Z 染色体则来自母方。母方的 Z 染色体携带显性深色基因，因此得到了深色的子代雄蛾。

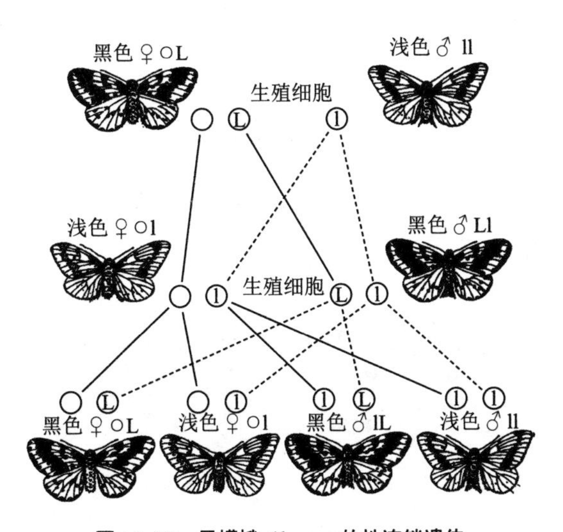

图 14-10　尺蠖蛾 *Abraxas* 的性连锁遗传

田中义麿（Yoshimaro Tanaka）发现蚕的透明皮肤是一种性连锁性状。这一性状似乎是通过 Z 染色体遗传给后代的。

Fumea casta 雌蛾含有 61 条染色体，雄蛾含有 62 条染色体。卵母细胞染色体接合以后有 31 条。（图 14-11）在第一次分出极体时，其中 30 条染色体（二价染色体）分裂之后进入两极，第 31 条染色体不分裂，进入任意一极。（图 14-12b 和 b′）结果，一半卵子含有 31 条染色体，另一半卵子含有 30 条染色体。在第二次分出极体时，全部染色体都分裂，使得各卵子的染色体数目与分裂前的染色体数目保持一致（31 条或 30 条）。当精子成熟时，染色体成对接合成 31 条二价染色体。在第一次分裂时，二价染色体分裂成两条；在第二次分裂时，所有染色体分裂，每个精子

都含有31条染色体。卵子受精，能够产生如下组合形式：

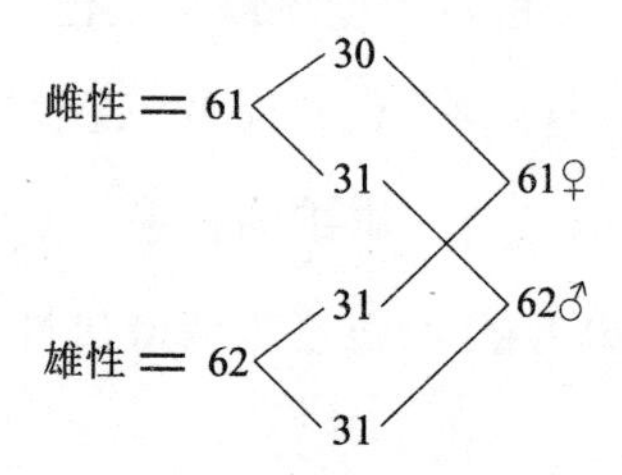

图14-11　*Fumea casta* 雌蛾和雄蛾染色体接合情况

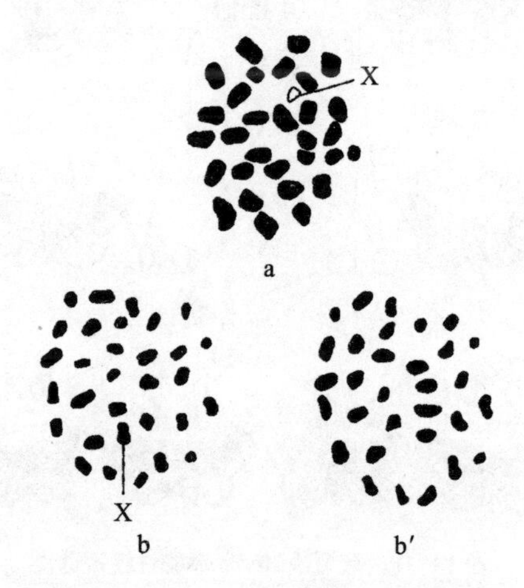

图14-12　*Fumea casta* 蛾卵子的染色体群

注：a为*Fumea casta*卵子减数分裂染色体群；b与b′为卵子第一次成熟分裂时，外极和内极的染色体群；a、b染色体群都只有一极含有一条X染色体（根据塞勒的研究）。

塞勒发现*Talaeporia tubulosa*雌蛾含有59条染色体，雄蛾含有60条染色体。*Solenobia pineta*雌蛾和雄蛾以及其他几种蛾类都没有发现不成对的染色体。另外，*Phragmatobia fuliginosa*含有一条包括性染色体在内的复染色体。雄蛾含有两条这类染色体，雌蛾只有一条。在那些含有W要素和Z要素不分开的染色体的其他蛾类中，这一关系似乎也不是不可能存在的。

费德莱用*P. anachoreta*和*P. curtula*两类蛾进行杂交，证实了蛾类的性连锁遗传。这一例证很有意思，因为每一物种内的雌雄幼体都比较相似，但不同物种的幼体却表现出物种间的差异性。同物种内不存在两种形态的种间差异，成为子代幼虫中两种性别形态的依据（当杂交按照某一方向进行时）。这是因为，正像其结果所表现出来的那样，两种幼虫间的遗传差异主要体现在 Z 染色体上。如果 *anachoreta* 作为母方，*curtula* 作为父方，那么杂交种幼虫第一次蜕变之后，就会表现出明显的差异。杂交种雄幼虫与母族（*anachoreta*）非常相似，杂交种雌幼虫与父族（*curtula*）非常相似。

如果把 *anachoreta* 作为父方，*curtula* 作为母方，得到的子代杂交种与上述规律完全相似。可以用下列假设来解释这一结果，即 *anachoreta* 的 Z 染色体上携带一个（或多个）基因，相对于 *curtula* 的 Z 染色体上携带的一个（或多个）基因呈现显性作用。之所以说这一例证有意思，是因为该例子中一个物种的基因相对于另一个物种同一染色体上的等位基因而言呈现出显性作用。只要将后代的三倍性问题考虑在内，这一解释同样也适用于子代雄蛾回交任一亲型而得到的孙代（参见第九章）。

没有理由假定 XX–XY 型的性染色体与 WZ–ZZ 型的性染色体是相同的。同样，我们也无法想象一种类型如何直接变成另一种类型。但是，在理论上我们可以做出另外一个假设，即尽管两种类型所涉及的具体基因相同或几乎相同，那些与决定雌雄性别有关的某种平衡中的变化，依然可以在这两种类型中独立发生。

雌雄异株显花植物的性染色体

1923 年发生了一件让人惊叹的事情：四位独立的研究者同时发现在若干雌雄异株植物中存在 XX–XY 型的机制。桑托斯（Santos）在 *Elodea* 雄株的体细胞中发现了 48 条染色体（图 14–13），其中有 23 对常染色体和 1 对大小不等的 XY 染色体。X 染色体和 Y 染色体在成熟时分离，结果得到两种花粉粒，一种含有 X 染色体，另一种含有 Y 染色体。

另外两位细胞学家木原均和小野知夫，在酸模属 *Rumex* 雄株的体细胞中发现了 15 条染色体，包括 6 对常染色体和 3 条异染色体（m_1、m_2 和 M）。生殖细胞成熟时，这 3 条异染色体聚合为一个群。（图 14–13）M 染色体进入一极，m_1 和 m_2 这两条较小的染色体进入另一极。结果得到两种花粉粒 6a+M 和 6a+ m_1+m_2，其中后者决定雄性性别。

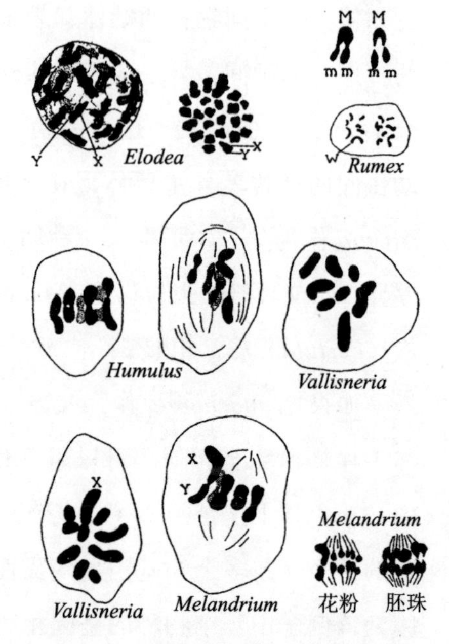

图 14–13　雌雄异株植物的性别决定机制

注：图示几种雌雄异株植物成熟分裂时的染色体群。

温厄(Winge)在葎草属的 *Humulus lupulens* 和 *H. japonica* 这两种植物中发现了 1 对 XY 染色体，其中雄株含有 9 对常染色体和 1 对 XY 染色体。温厄还在苦草 *Vallisneria spiralis* 的雄株中发现了一条不成对的 X 染色体，其公式为 8a+X。

通过繁育工作，科伦斯认为女娄菜属 *Melandrium* 雄株含有异形配子。根据温厄的研究报告，雄性染色体公式为 22a+X+Y，证实了科伦斯的推测。

布莱克本的研究成果显示，*Melandrium* 雄株中有一对长短不等的染色体。还有一个更重要的证据，即 *Melandrium* 雌株含有两条一样大的性染色体，其中一条相当于雄株的性染色体。在成熟分裂时，这两条染色体相互接合，然后进行减数分裂。

我想，我们有理由根据上述证据得出这样一个结论，即至少存在一些雌雄异株的显花植物，它们的性别决定机制与很多动物的相同。

藓类的性别决定机制

在发现上述显花植物性染色体之前数年，马沙尔父子发现，雌雄异体的藓类植物（配子体分为雌雄两种[1]），其由同一孢子母细胞产生的四粒孢子中，有两粒发育成雌配子体，其余两粒发育成雄配子体。

随后，艾伦在亲缘关系较近的苔类植物（图 14–14）中发现：单倍体的雌原叶体（配子体）含有 8 条染色体，其中最长的一条是 X 染色体；单倍体的雄原叶体（配子体）同样含有 8 条染色体，其中最短的一条是 Y 染色体（图 14–14b′）。这样，每个卵子都含有 1 条 X 染色体，每个精子都含有 1 条 Y 染色体，二者受精发育出的孢子体，含有 16 条染色体（X 和 Y 各 1 条）。孢子形成过程中出现减数分裂，X 与 Y 染色体相分离。一半的单倍型孢子各有 1 条 X 染色体，并将发育成雌原叶体；另一半的单倍型孢子各有 1 条 Y 染色体，并将发育成雄原叶体。

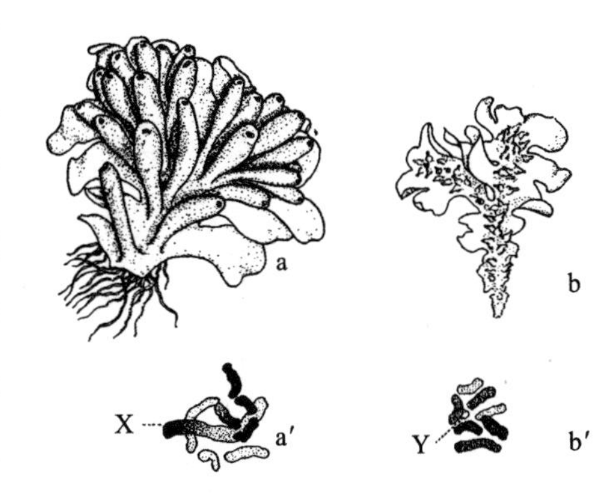

图 14–14　苔的雌原叶体、雄原叶体及二者的单倍染色体群

注：a 为苔的雌原叶体，b 为雄原叶体，a′表示雌性含有的 1 条大 X 染色体，b′表示雄性含有的 1 条小 Y 染色体（根据艾伦的研究）。

最近，韦特施泰因用雌雄异株的藓类植物进行了一些缜密的实验，做了进一步的分析。他沿用马沙尔父子发现的一种方法，得到具有雌雄

[1] 苔藓和蕨类植物的单倍体世代（或配子体世代）分为雌雄两种，其二倍体（或孢子体）世代没有雌雄的分别，是中性的。显花植物相当于蕨类的孢子体，其配子体世代似乎藏在雌蕊和雄蕊深处。对藓类来说，雌雄指的是单倍体世代；对显花植物而言，雌雄指的是二倍体世代。这两个概念的含义有冲突。但是，这种冲突不在于二倍体和单倍体（在一些动物，如蜜蜂、轮虫的同一世代中，也出现了类似的冲突），而在于有性世代和无性世代都采用了雌雄这种称谓。这样理解的话，再采用这种习惯用法就不会出现障碍了。

两群染色体的配子体。（图 14-15 左侧）他又模仿马沙尔父子的方法，截取了一段带有孢子的柄部（细胞是二倍型的）。从这段切片发育出的配子体也是二倍体。这样就得到了雌雄兼备（FM）的配子体。

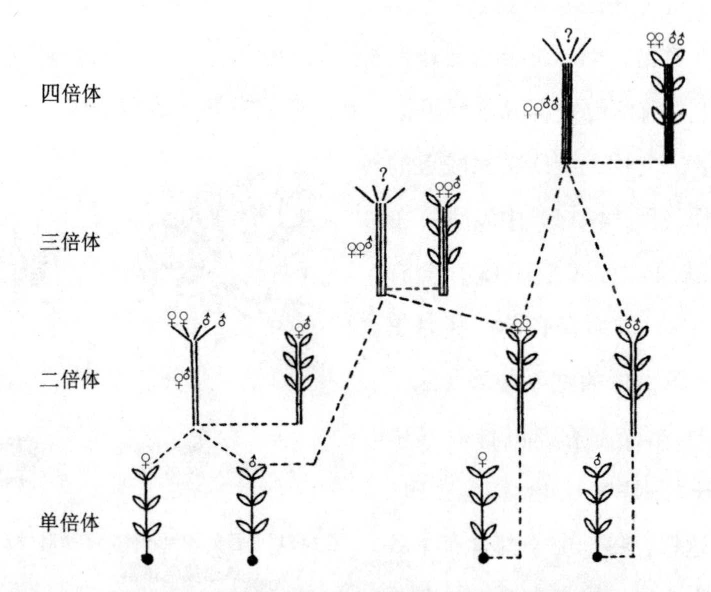

图 14-15　苔藓雄性决定群和雌性决定群的组合方法（根据韦特施泰因的研究）

韦特施泰因还用一种产生二倍体雌藓和雄藓的方法，得到双雌性（FF）或双雄性（MM）。他用水合氯醛和其他药剂对原丝体进行处理，使得个别细胞的胞质在染色体分裂后受到抑制。这样就可以从这些雌雄异株的植物中产生二倍型的巨大细胞，各含有二重性的雌性要素或雄性要素，如染色体。再通过这种二倍型细胞制造出几种新的组合形式，其中有的是三倍体，有的是四倍体。图 14-15 右侧显示了几种最令人感兴趣的组合形态。

雌原丝体的一个二倍型细胞发育成二倍体植株（FF），二倍体植株又产生二倍型卵细胞。二倍型雄原丝体的细胞同样发育成 MM 植株。FF 卵子与 MM 精子受精，得到一株四倍型孢子体（FFMM）。

FF 胚珠与正常雄性精子（M）受精，结果产生三倍型植株（FFM），如下图所示：

图 14-16 二倍体植株产生的几种组合形式

FFM 和 FFMM 的孢子体可以再次产生配子体。这些配子体可以产生雌雄两种要素，进而可以产生卵子和精细胞。但是，雌性器官（颈卵器）和雄性器官（精子器）的数量及其出现的时间，都会呈现出一些特定的差异。

前面已经提到过，马沙尔父子从韦特施泰因所用的同一物种中得到了二倍型的 FM 配子体，并指出该配子体产生雌雄两性的器官。韦特施泰因证实了这一事实，并指出雄性器官在雌性器官之前出现。

对 FM、FFM、FFMM 三种类型的比较具有一定意义。FM 的精子器很早就成熟，最初，精子器比颈卵器多出很多；颈卵器出现的时间较晚。

正如韦特施泰因指出的，FFMM 植物雄性器官的早熟性比 FM 型的强 2 倍。最开始只出现精子器。在同一年时间很晚的时候，直到衰老的精子已经凋落，才会出现少量的颈卵器，而有的植株根本就没有颈卵器。再晚一些，雌性器官才开始发育旺盛。

三倍体植物中，雌性器官最早成熟。至少是四倍体只有雄性器官时（7 月份），三倍体还只有雌性器官，直到 9 月份才产生雌雄两种器官。

有意思的是，这些实验表明，经过雌雄两种要素的接合，原本是雌雄异体的植物也能够人为地变成雌雄同体的植物。这些实验还表明，性器官出现的时间取决于植物的年龄。更重要的是，由于遗传组合沿着相反的方向发生改变，两种性器官出现的时间也随之颠倒。

第十五章
其他涉及性染色体的性别决定机制

除上一章提到的那些方法之外，在一些动物中，还可以按照其他方法来调整性染色体的重新分配，进而决定性别。

X染色体在常染色体上的附着

在少数生物中，发现了有的染色体附着在其他染色体上的现象，这一现象不利于了解X染色体和Y染色体性质的不同。如图15-1所示，在这种情况下，性染色体有时会分离，如蛔虫，要么雄性体细胞的X染色体在性质上与其他染色体不同，要么就像塞勒在对某一蛾类的研究中发现的，胚胎的体细胞内的复染色体分散成一些小染色体，这种情况提示了性染色体的存在。

图15-1　蛔虫常染色体中X染色体的分离

注：蛔虫卵子中的两条小X染色体从常染色体中分离［根据盖尼茨（Geinitz）的研究］。

性染色体与正常染色体（常染色体）的附着，涉及性连锁遗传机制，尤其是在雄性的附着 X 染色体的常染色体与同一对中不附着 X 染色体的染色体发生交换时，更是这样。以下例证有助于说明这一点。在图 15-2 中，蛔虫染色体的黑色一端表示附着在正常染色体上的 X 染色体。雌虫含有二条 X 染色体，分别附着在同对中的一条常染色体上。成熟卵子各有一条这样的复染色体（含有一条 X 染色体）。雄虫含有一条附着在常染色体上的 X 染色体，但同对的另一条常染色体上没有附着 X 染色体。成熟分裂之后，一半精细胞含有一条 X 染色体，另一半则没有。很明显，这种性别决定机制与 XX-XO 型的机制相同。

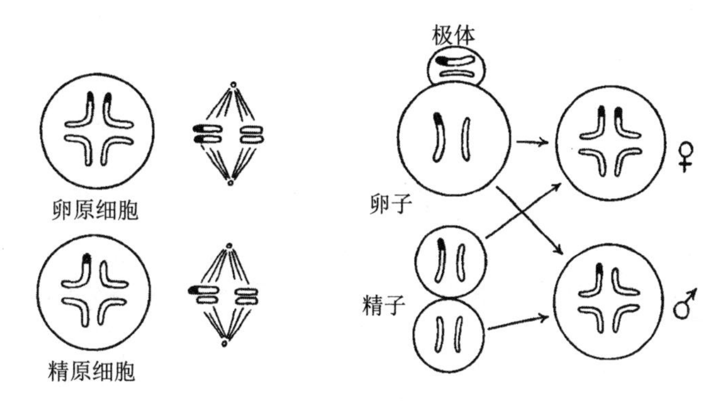

图 15-2　X 染色体在雌雄蛔虫中的分布（根据博韦里的研究）

雌虫的两条 X 染色体之间和两条附着染色体之间，都可能会发生交换。但是，XO 雄虫的情况却有所不同，复染色体的 X 部分没有配偶，因此不能指望这部分发生交换，这就确保了性别分化基因与性别决定机制的一致性。复染色体上的两个常染色体可能发生交换，而不影响性别决定机制。X 部分的基因所产生的性状必定呈现出性连锁遗传的特点，即此类隐性性状会在子代雄虫中呈现出来。常染色体部分的基因所产生的隐性性状则不会在子代雄虫中呈现出来。但是，对性别和 X 部分的基因所产生的性状而言，此类常染色体部分的基因所产生的性状必将呈现出部分连锁的特征。[1]

在上述假设中，雄性没有附着 X 染色体的常染色体（即与含有 X 的复染色体配对的那条染色体）似乎相当于正常 XX-XY 型的 Y 染色体（局限在雄系内）。它们的差别在于，这条没有附着 X 染色体的常染色体的一些基因与复 X 染色体的相应部分具有相同的基因。实际上，最近有关遗传例证的一些报告指出，有一些基因可能是由 Y 染色体携带的。因此，Y 染色体有时也是能够携带基因的。

按照上述解释来看，这种说法也是能够成立的，但除此之外的其他含义就很明显地会招致批判。这是因为如果雄性的 X 染色体和 Y 染色体之间普遍发生了交换，那么染色体的性别决定机制必将会被破坏。如果这一假定属实的话，这两条染色体很快就会趋同，导致雌性和雄性平衡上的差异也随之消失。

Y 染色体

有两类证据支持 Y 染色体上具有孟德尔式因子。施密特、会田龙雄和温厄在两科鱼类中发现 Y 染色体上携带一些基因。戈尔德施密特（Goldschmidt）在毒蛾科中分析了种间杂交的结果，得到了相同的结论（W 染色体）。现在我们只探讨鱼类实验的结果，毒蛾实验的结果将在第十六章中讨论。

有一种原产于西印度和南美洲北部的小型缸养鱼虹鳉 *Lebistes reticulatus*，其雄鱼色彩艳丽，与雌鱼相比差异明显。（图 15-3）不同族的雌鱼很相似，而不同族的雄鱼各自具有不同的特殊色彩。施密特发现

[1] 根据麦克朗（McClung）的观察，*Hesperotettix* 雄性的 X 染色体不一定附着在同一条染色体上。即便在某些个体中，X 染色体的附着具有恒定性，但在其他个体中，X 染色体也可能处于游离状态。如果这个类型的品种具有性连锁性状，那么它们的遗传可能会因为 X 染色体与常染色体的不恒定关系而变得更为复杂。

一族雄鱼与另一族雌鱼交配，子代雄鱼与父型相似。子代杂交种自交，孙代雄鱼也与父型相似，没有一例呈现出母系中的祖母的特征。重孙代和玄孙代雄鱼依然具有与父系中的祖父相似的特征。在这一例证中，就任何可能来自母系中的祖母方面的遗传性状而言，似乎没有任何孟德尔式的分离现象。

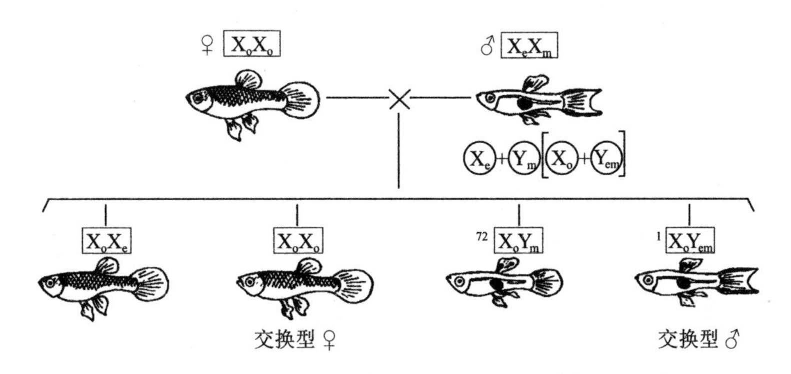

图 15-3 *Lebistes* 鱼的父性遗传，X 染色体和 Y 染色体发生交换

注：图示鱼类的一种性连锁性状遗传，该性状基因位于 X 和 Y 染色体上（根据温厄的研究）。

正反交具有相同的结果，子代雄鱼和孙代雄鱼都与父系雄鱼相似。

在日本的小溪和稻田中还有一种叫作 *Aplocheilus latipes* 的鱼，有几个类型具有不同的色彩。在人工饲养环境下，还会出现一些其他类型。在这些鱼中，每一个类型都有雌鱼和雄鱼。会田龙雄证明了几种差异是通过性染色体（X 和 Y）传递的。可以通过一个假设来解释这些性状的遗传，即假设相关基因有时由 Y 染色体携带，有时由 X 染色体携带，并且二者之间可以进行交换。

例如，鱼体的白色属于性连锁遗传，它的等位性状是红色。纯白的雌鱼与纯红的雄鱼交配，产生的子代雌鱼和雄鱼都是红色的。子代自交将产生如图 15-4 所示的雌雄体色分布情况：

红体色♀	红体色♂	白体色♀	白体色♂
41	76	43	0

图 15-4 纯白雌鱼与纯红雄鱼子代自交产生的体色分布情况

假设白色基因由雌鱼的两条 X 染色体携带，用 X^w 表示（图 15-5），再假设红色基因由雄鱼的 X 染色体和 Y 染色体携带，分别用 X^r 和 Y^r 表示，那么根据 XX-XY 公式推导，前述杂交将会得出如图 15-5 所示的结果。如果红色（r）是显性基因，白色（w）是隐性基因，那么其子代雌性和雄性杂交种就都是红色的。图 15-6 所示的是子代雌雄鱼类自交。在孙代中，半数雌鱼是红色的，半数是白色的，而雄鱼都是红色的，雄鱼的数目是两种雌鱼数目的总和。

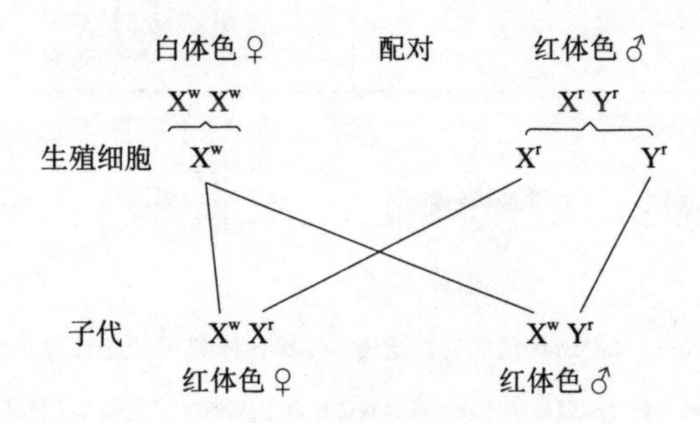

图 15-5　鱼类白体色与红体色的遗传

注：X 染色体与 Y 染色体都有同一个基因，图示该相关性状的遗传情况。

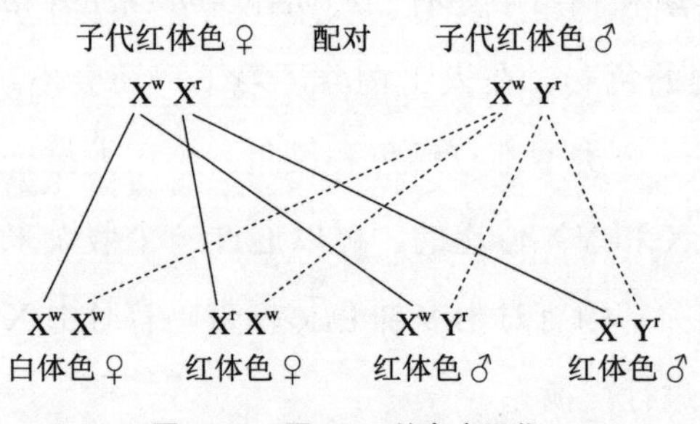

图 15-6　图 15-4 的杂交子代

注：子代杂合子的雌鱼与雄鱼自交，图示其红、白两种体色的遗传，Y 染色体和 X 染色体都有红色基因（r）。

因此，除非子代 X^wY^r 红色雄鱼的 X 染色体与 Y 染色体发生交换，产生出一条 Y^w 染色体（图 15-8），否则按照上述公式，纯红色的雄鱼与纯白色的雌鱼交配，是不会产生孙代白色雄鱼的。只有当含有 Y^w 染色体的精子与含有 X^w 染色体的卵子结合时，才可能产生 X^wY^w 的白色雄鱼。

实际上，在子代杂合子 X^wY^r 的红色雄鱼（来自前述实验）与纯白雌鱼的回交实验中，已经得到了一条白色雄鱼。其实验结果见图 15-7。

红体色♀	白体色♀	红体色♂	白体色♂
2	197	251	1

图 15-7　子代杂合子体色分布情况

假设子代雄鱼 X^w 与 Y^r 的交换率为 1∶451，此处出现两条红色雌鱼和一条白色雄鱼是可以解释的。（图 15-8）白色雌鱼与褐色雄鱼杂交，也能够得到相同的结果，但是没有交换型。红斑雌鱼与白色雄鱼杂交，其结果也是相同的。通过回交，共得到 172 条孙代，其中有 11 条属于交换型。

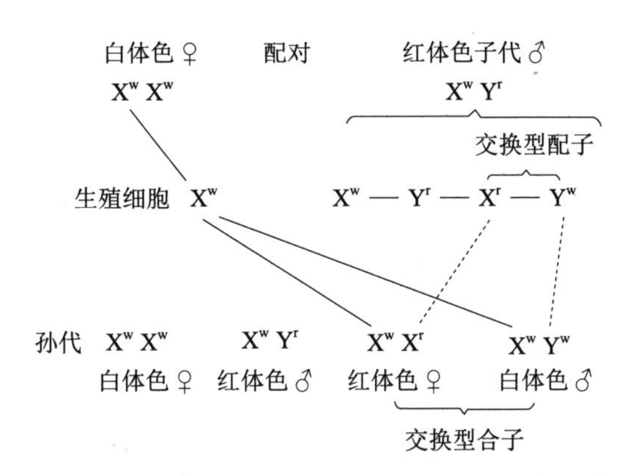

图 15-8　X 染色体与 Y 染色体交换的鱼类白体色与红体色遗传

注：子代雄鱼的 X 染色体和 Y 染色体分别含有红色基因和白色基因，人们认为这两种基因是等位基因，图中显示了这两种基因之间的交换。

温厄（1922—1923）把施密特对虹鳉的实验做了进一步发挥，并独立地得到了与会田龙雄关于 Y 染色体的观点一致的结论。图 15-3 表示某一族的 X_oX_o 雌鱼与另一族的 X_eY_m 雄鱼杂交的结果。这些杂合子雄鱼的成熟生殖细胞可以划分为 X_e 和 Y_m 两种非交换型以及 X_o 和 Y_{em} 两种交换型。相应地产生了 X_oY_m 和 X_oY_{em} 两种雄鱼，其中后者比较少见，占子代雄鱼的 1/73[1]。温厄的研究报告没有提及 X_eX_m 型的雌鱼，所以不能按照他提供的材料来确定雌鱼中有没有发生交换。其次，温厄用 X_o 来表示某一类型的雌鱼，指的是 X_o 染色体上缺乏某些基因。一定要有两对基因，才可以呈现出两条 X 染色体之间的交换。实际上，温厄用 X_o 来表示与 Y_m 发生交换的 X_e，但他没有明确指出 e 和 m 等位因子的变化。在完整的公式中，应该有一条具有 M 基因和 e 基因的 X 染色体，以及一条具有 m 基因和 E 基因的 Y 染色体。交换之后，X 染色体上必将含有 E 和 M，Y 染色体上必将含有 e 和 m，如图 15-9 所示。交换之后，X 染色体不是 X_o，而是 X_{ME}，Y 染色体是 Y_{me}。如果 m、e 是显性基因，M、E 是隐性基因，那么除应得到一种交换型 X_{ME} 之外，还应得到报告中的结果。如果 X 染色体上 M 左侧的部分携带决定性别的基因（图中 X 的粗线部分），那么这个实验之所以没有发生这种交换，就只能用 M 和 X 的相互接近来解释了。

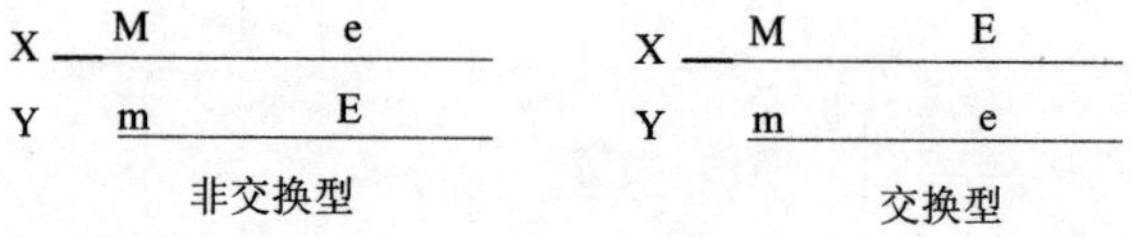

X M e
Y m E
非交换型

X M E
Y m e
交换型

图 15-9　附着 X 染色体的常染色体之间在理论上的交换

注：雄鱼复染色体的常染色体部分与另一条常染色体 Y 交换，图示附着的 X 染色体与该交换可能存在的关系。

温厄在 1927 年提出，虹鳉 Y 染色体携带的九种基因与 X 染色体携带的三种基因之间没有发生交换。他认为这是由于这些基因与雄性决定基因互相接近，或者是因为这些基因与雄性决定基因相同。X 染色体和 Y 染色体上的其他五种基因之间发生了交换，其中一个位于常染色体上。温厄认为雄性决定基因是单一的、显性的，而把 X 染色体上的等位基因的性质看成有待解决的问题，用 o 来表示。

[1] 另一交换型占雄鱼总数的 4/68。

成雄精子的退化

瘤蚜 *Phylloxerans* 和蚜 *Aphids* 两属存在紧密的亲缘关系，二者都是XX−XO 型，但成雄精子（没有 X 染色体）退化了（图 15−10），只保留了成雌精子（含有 X 染色体）。有性生殖的卵子（XX）在放出两个极体之后，只剩下一条 X 染色体。这种卵子与 X 精子受精，只能产生雌性（XX）。这种雌性被称作系母，具有单性繁殖的特点，是以后各世代单性繁殖雌性的起点。过了特定的时间之后，这些雌虫中有的能够产生雄性后代，有的能够产生有性繁殖的雌虫。后者与母虫一样是二倍体，只是它的染色体成对接合，染色体数目减少一半。前者会借助下一节所描述的过程机制，产生雄虫。

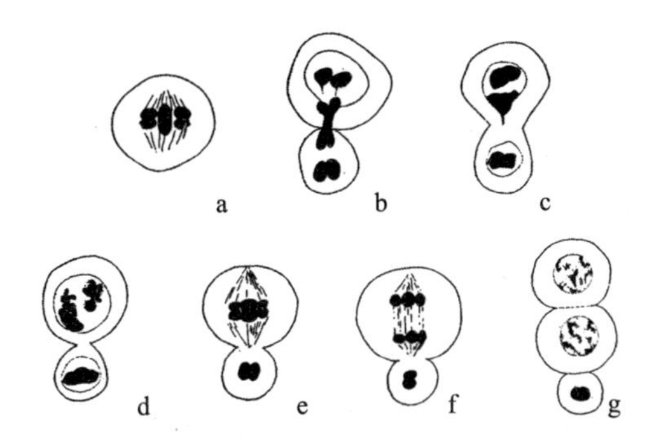

图 15−10　熊果蚜虫 *Bearberry aphid* 的二次成熟分裂

注：第一次分裂中（a~c），大染色体进入一个细胞；在第二次分裂中（e、f、g），该细胞分裂成两个成雌精子；发育不全的细胞（d）不再分裂。

二倍型卵子排出一条 X 染色体以产生雄性

如前所述，瘤蚜的雌虫在单性繁殖末期出现，产生较小的卵子。在较小的卵子成熟之前，X 染色体聚合在一起（共 4 条）。卵子分出一个极体，2 条染色体进入极体。（图 15−11）每条常染色体分裂为 2 条，并排出其中1条。卵子内部保留2倍数目的常染色体和一半的X染色体。卵子经过单性发育，最终形成了雄虫。

蚜也具有相同的过程。虽然还没有观察到卵子排出1条X染色体的确实证据（只有2条X染色体的证据），但卵子在放出唯一的极体之后，就少了1条染色体，由此推断它也和瘤蚜一样，排出了1条X染色体。

上述两种昆虫决定雌雄性别的过程，与其他昆虫存在差异，但也是按照同一机制，在不同形式下得到了同样的结果。

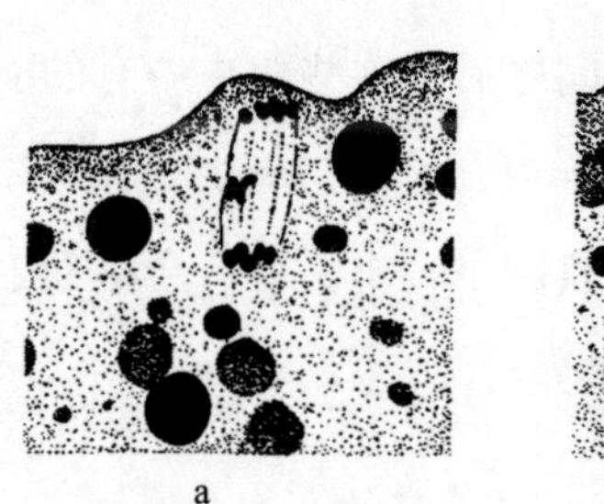

a

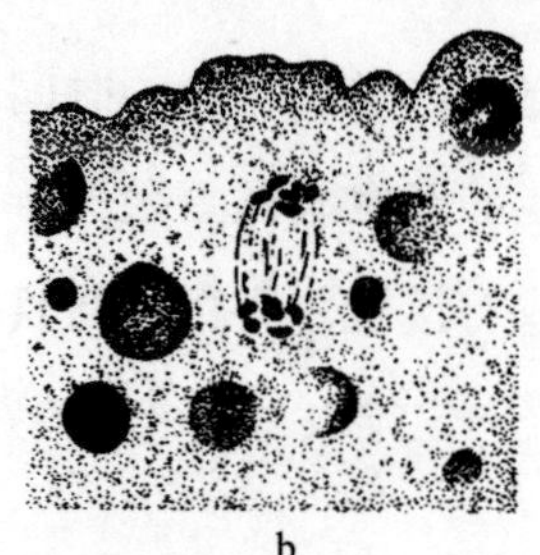

b

图15-11　瘤蚜的成雄卵子和成雌卵子的极纺锤体

注：a表示瘤蚜的成雄卵子第一次成熟分裂的纺锤体，有2条染色体留在纺锤体上，最终排出卵子之外，卵核内只留下5条染色体；b表示成雌卵子第一次成熟分裂的纺锤体，6条染色体分裂，卵核内留下6条染色体。

还有一件比较有意思的事情是，产生雄卵的瘤蚜雌虫产生的卵子要比之前各代单性繁殖的卵子小，因此在卵子排出X染色体之前，就能够预计到该卵子的发展。在这里，雌雄性别可能取决于卵子的尺寸大小，即取决于卵子内部胞质含量的多少。当然这一推断是缺乏逻辑依据的，因为卵子必须排出一半X染色体才会成为雄性。我们不清楚如果所有的X染色体都保留会出现什么情况，该卵子也有可能发育成雌虫。总之，实际上母体内的某种变化，会导致小卵子的出现，而小卵子又减少了半数X染色体，以形成雄虫。至于母体内部发生的变化具有什么性质，就不得而知了。[1]

---

[1] 雌轮虫 *Dinophilus apatris* 产生两种大小的卵子。这两种卵子都会排出两个极体，形成单倍型原核。二者在受精之后，大卵子将发育成雌性，小卵子将发育成雄性。至于卵巢为什么会产生这两种卵子，目前完全不了解。

精子形成过程中因偶然失去一条染色体导致的性别决定

在雌雄同体的动物中，观察不到性别决定机制，也不应该存在这一机制，因为这类动物的所有个体都是完全相同的，都具有精巢和卵巢。在管口属线虫 *Angiostomum nigrovenosum* 中，雌雄同体世代与雌雄异体世代相互交替地存在。博韦里和施莱普（Schleip）指出，雌雄同体世代的生殖细胞在成熟时（图 15-12），通常会缺失 2 条 X 染色体（停留在分裂面上），因此会产生两种精子，一种含有 5 条染色体，另一种含有 6 条染色体。同一雌虫的卵子成熟时，12 条染色体会成对接合，产生 6 条二价染色体。（图 15-13）第一次分裂时，6 条染色体进入第一极体，余下 6 条保留在卵子内部。卵子内部的 6 条染色体分裂，有 6 条子染色体进入第二极体，卵子中余下 6 条子染色体，卵子和第二极体各有 1 条 X 染色体。卵子与含有 6 条染色体的精子受精，将发育成雌虫，卵子与含有 5 条染色体的精子受精，将发育成雄虫。在这里，细胞分裂过程中发生的某一偶然事件，促成了性别决定机制。

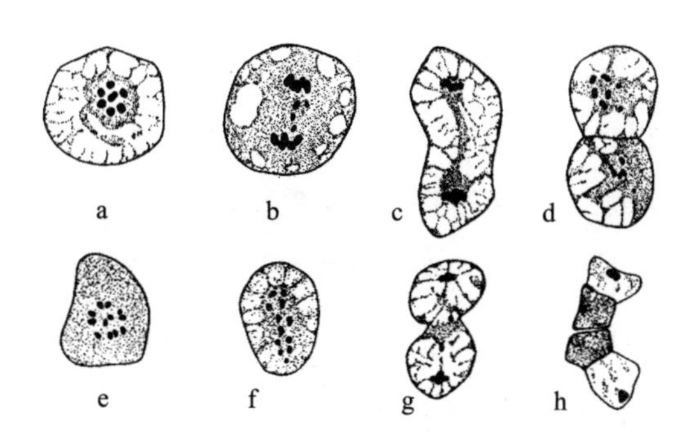

图 15-12　管口属线虫精子的两次成熟分裂

注：图上半部为第一次成熟分裂，下半部为第二次成熟分裂。第二次成熟分裂时，有 1 条 X 染色体留在分裂平面上（根据施莱普的研究）。

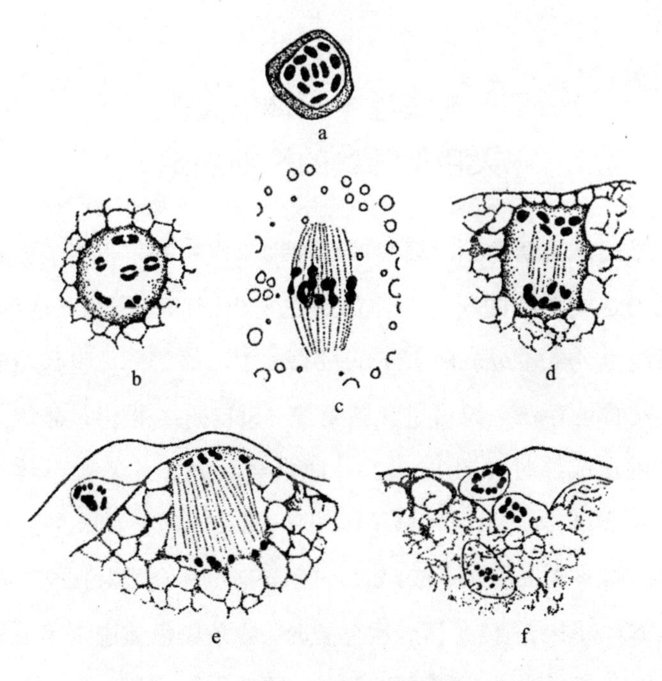

图 15-13　管口属线虫卵子的两次成熟分裂（极体形式）

注：卵核内留有 6 条染色体（根据施莱普的研究）。

二倍体雌性与单倍体雄性

轮虫首先要经历很多世代的单性繁殖，各代雌虫都含有 2 倍数目的染色体。卵子不发生减数分裂，只放出一个极体。在一定营养条件下，单性世代似乎可以无限地延续下去。但是，正如惠特尼指出的那样，如果改变营养条件，如用绿色鞭毛虫饲养轮虫，就可以终止单性繁殖世代。在这种新的营养条件下，雌虫所产生的下一代雌虫（通过单性繁殖）具有双重可能性。如果这一代雌虫与雄虫（当时可能出现）受精，那么在每个卵子成熟之前，只有一条精子进入卵子。卵子在卵巢内发育长大，卵子外部罩着一层厚壳。（图 15-14）放出两个极体后，卵子的单倍型胞核与精核（单倍数）结合，进而恢复了所有的染色体。这个卵子被称作休眠卵子或者冬卵，具有 2 倍数目的染色体。不久，卵子发育成母系，重新产生出一个新系的单性繁殖的雌虫。

另一方面，如果该雌虫没有受精，那么其所产生的卵子要比正常单性繁殖的卵子小一些。卵子内部的染色体成对接合，放出两个极体。卵子内部保留一组单倍染色体。卵子分裂后，染色体数目不加倍，最终发育成雄虫。我们不清楚在单倍体雄性的精子发育的过程中究竟发生了什么变化，不管是惠特尼（1918）的研究，还是陶松（Tauson）（1927）的研究，都没对这种变化做出可信的说明。

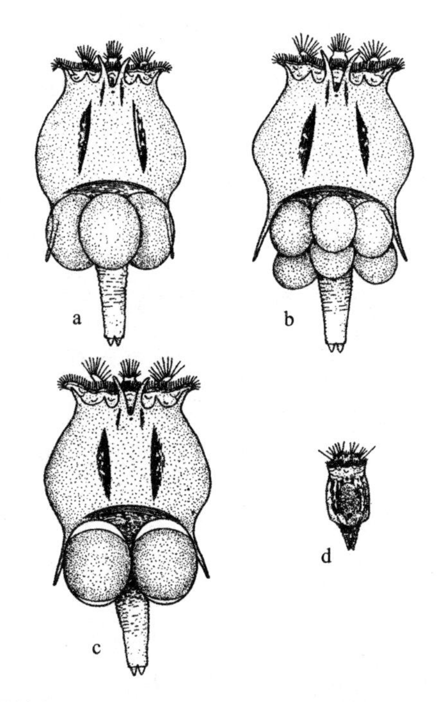

图 15-14　臂尾轮虫 *Brachionus bakeri* 的单性繁殖雌虫、产成雄卵子的雌虫、产有性卵子的雌虫以及雄虫

注：a 为臂尾轮虫的雌虫，附有单性生殖的成雌卵子；b 为附有单性生殖的成雄卵子的雌虫；c 为附有成雌和成雄卵子的雌虫；d 为雄虫（根据惠特尼的研究）。

从表面看，上述证据或许意味着单倍数目的染色体会产生雄性，2 倍数目的染色体会产生雌性。因为观察不到有性染色体的存在，所以无法假定有特殊的性基因存在。即便承认该基因不存在，也解释不了为什么一半的染色体将产生雄性，而 2 倍数目的染色体将产生雌性，除非认定这里所涉及的分化因子，也就是两类卵子内部胞质数量的多少和染色体数目之间存在关系。但是，这一说法又与蜜蜂（解释见下文）的例证不相符。蜜蜂的二倍型卵子将发育成雌性，单倍型卵子将发育成雄性，但二者的大小却是一样的。前述两个例子中的一个明显的事实是，单倍数目的染色体与雄性有关，即使轮虫内部存在其他决定卵子成为单倍型的因素。

似乎也可以建立一种关于性染色体的解释，假设存在两种不同的X染色体，同时假设在减数分裂中，一种进入雄卵的极体，另一种被有性卵子排出（两种都保留在单性繁殖卵子内），但必须承认的是，目前还没有理由，也没有必要提出此类假设。

蜜蜂和与其存在密切亲缘关系的黄蜂、蚁类的性别决定机制也与胞核的二倍型和单倍型状态有关。这一事实已经得到确认，只是还缺乏明确的解释。蜂王在蜂王室、工蜂室和雄蜂室内产卵。产前的卵子完全类似。工蜂室和蜂王室中的卵子在产卵时受精，雄蜂室的卵子则不受精。所有卵子都放出两个极体。卵核内部保留单倍数目的染色体。在受精卵内，精子携带的一组单倍染色体与卵核结合，得到2倍数目的染色体。这种卵子最终发育成雌蜂（蜂王和工蜂）。蜂王室的幼虫得到丰富的营养，发育完全，最终发育成蜂王。工蜂室的幼虫则食用不同的食物。如前所述，雄蜂是单倍体。[1]

在这里，不能假设性别是由成熟分裂之前的任何影响决定的。没有证据表明卵子内的精核能够影响染色体的成熟分裂方式，也没有证据表明环境（雄蜂室或工蜂室）对发育过程产生任何影响。实际上，也没有证据表明任何一组特定染色体能够区分为性染色体。我们所知道的雌雄

---

[1] 目前已知没有受精的雄卵分裂时，每一染色体都分裂为两部分（形成胚迹的胞核有可能是例外），这一过程可能不是染色体纵裂为两条，而是横裂为两片。如果这一解释正确的话，那么实际上基因数目并没有增加，这一横裂或者说是分开的过程（一些线虫也存在这一情况）对性别决定机制而言，并没有什么意义。

两种个体之间的唯一区别是染色体数目的差异。目前，我们只能依靠这一关系，将其看作与性别决定之间存在着某种未知的联系。这 ·关系目前还很难与其他昆虫的性别取决于染色体基因间的平衡相一致，但是它还是可能起源于染色体（基因）与胞质之间的平衡。

还有一件与蜜蜂的性别决定机制相关的事实。在雄蜂生殖细胞的成熟分裂中，第一次分裂失败，分裂出一个不含染色体的极体。（图 10-4）第二次分裂时染色体分裂，一半进入一个较小的细胞，该细胞之后退化，另一半留在大细胞中，该细胞变成含有单倍数目染色体的具备功能的精子。如前所述，精子携带单倍数目的染色体进入卵子，之后该卵子发育成雌性。

在几个例子中，两族蜜蜂杂交后，杂交种后代被纽厄尔（Newell）记录下来。据说孙代雄蜂只呈现出原有一族的性状。如果说两族的差异只是因为同一对染色体上两组基因之间的差异，那么孙代雄蜂的特征就是可以预测的，因为这两组基因在减数分裂时会相互分离，这族或那族基因将留在卵子内部，之后发育成雄性。但是，如果族间差异取决于不同对的染色体上的基因，那么孙代雄蜂就不存在区分为明显不同的两组的可能。

工蜂（和工蚁）有时也会产卵。该卵子通常会发育成雄性，这是预料之中的，因为工蜂不能与雄蜂受精。有的研究指出工蚁的卵子中偶尔会出现有性类型的雌蚁。这种推断是有理由的，因为卵子保留了两组染色体。根据研究，海角蜜蜂 Capebee 通常会出现发育成雌性（蜂王）的工蜂卵子。我们暂且按照与上述相同的解释，说明有些雌性工蚁偶尔会产卵，其中有些卵子会在特定条件下发育成雌蚁。

对柔茧蜂属 *Habrobracon* 的研究已经比较充分地证明了母虫性状会直接遗传给子代单倍体雄虫。正常型具有黑眼性状。在培养过程中出现了 1 只橙眼突变型雄蜂。它与黑眼雌蜂杂交，通过单性繁殖得到 415 只黑眼雄蜂，通过受精卵得到 383 只黑眼雌蜂。

4只子代雌蜂被隔离，通过单性繁殖得到268只黑眼雄蜂和326只橙眼雄蜂，没有得到雌蜂。

还有8只子代雌蜂（通过第1只橙眼雄蜂受精得到）与子代雄蜂自交，得到的孙代中有257只黑眼雄蜂、239只橙眼雄蜂和425只黑眼雌蜂。

第一只橙眼突变型雄蜂与其子代雌蜂交配，得到221只黑眼雄蜂、243只橙眼雄蜂、44只黑眼雌蜂和59只橙眼雌蜂。

假设雄蜂是单倍体，同时假设它是从未受精的卵子发育而来的，那么这些结果是可以预测的。杂交种母蜂的生殖细胞成熟时，橙眼基因与黑眼基因相分离，一半配子获得黑眼基因，另一半配子获得橙眼基因。任意一对染色体上的任意一对基因，都会产生相同的结果。

橙眼雌蜂与黑眼雄蜂交配。在11对杂交例证中，共得到预测到的183只黑眼雌蜂和445只橙眼雄蜂。在另外的22对杂交例证中，共产生了816只黑眼雌蜂、889只橙眼雄蜂和57只黑眼雄蜂。此类雄蜂的存在需要另一种不同的解释。它们明显是由与黑眼精子受精的卵子发育而来的。一种可能的解释是单倍型精核在卵子内发育，并产生出至少是形成双眼的部分。卵子内部其他部分的胞核也可能从单倍型卵核中获得。实际上，一些证据证明这一解释是正确的。怀廷（Whiting）已经证明在这类特殊的黑眼雄蜂中，有的是可以繁殖的，就像其所有的染色体都携带母方的橙色基因似的。但是，其他事实表明，这些解释并不这样简单，因为这些雄蜂多数不具备生殖能力，具备生殖能力的雄蜂（嵌合型雄蜂）又产生出几只雌蜂。[1] 不管这些特殊情形最终怎样解决，这些杂交的主要结果证实了雄性是单倍体的理论。

---

[1] 怀廷（1925）的研究指出："黑眼偏父遗传的雄蜂，在形态畸变上，比正常产生的雄蜂和雌蜂具有更高的百分率。大多数偏父遗传的雄蜂已经被证明不具备生殖能力，有的作为黑眼进行繁殖的具备部分生殖能力，此外还有少部分嵌合体产生了橙眼雌性后代，这些后代具备完全的生殖能力。偏父遗传的雄蜂的下一代橙眼雌蜂，在形态和孕育能力上都是正常的。偏父遗传的雄蜂的下一代黑眼雌蜂数目较少，畸形百分率高，并且几乎完全不具备生殖能力。" *Habrobracon* 的特殊雄蜂可以说明蜜蜂中出现的某些不规则情况。

单倍体的性别

艾伦在1919年证明，在囊果苔属的单倍型中，雌性配子体的细胞含有一条大X染色体，这就很好地解释了两类原叶体的差异。类似地，马沙尔父子和韦特施泰因以及其他人的实验，也证明在雌雄异体的藓类植物中，每个孢子母细胞分裂为四粒孢子，其中两粒会发育成雌原丝体，另外两粒发育成雄原丝体。这与艾伦关于苔类的研究结果一致。一种配子体产生卵子，另一种配子体产生精子，通常将它们分别称为雌性和雄性。卵子与精子受精，产生下一代孢子体（合子），这些孢子体有时会被认为是没有性别的或无性的，但其含有一条X染色体和一条Y染色体。

在雌雄异体的显花植物中，雌雄的概念只适用于孢子体（二倍体），而不适用于卵细胞（在胚囊之中，是单倍体世代的一个组成部分）和花粉粒（也是单倍体世代的一个组成部分），这种情况与苔类、藓类不同，这就产生了一些不必要的困惑。乍一看，苔类、藓类的性别似乎是在不同的意义上运用的。但是，除了系统发生意义上的差异外，二者并不存在实质意义上的区别。如果用基因来解释这两个例子，就不存在想象中的问题了。以苔类植物为例，含有大X染色体的单倍型配子体，其基因的平衡效应导致产生卵细胞。含有小Y染色体的单倍型配子体，其基因的平衡效应导致产生精细胞。携带卵子的称作雌性，携带精子的称作雄性。在雌雄异体的显花植物中，二倍体世代的雄株含有一对大小不同的染色体。二倍型世代常染色体携带的基因与两条X染色体携带的基因相互平衡，由此产生雌性个体（即产生卵子的个体）。二倍体世代常染色体携带的基因与一对XY染色体上携带的基因相互平衡，产生雄性个体（即产生精子的个体）。苔类植物和显花植物的性别，都由两组基因的平衡效应决定。两个例子涉及的基因可能不同，或者某些基因相同而另一些不同。但是，关键的一点在于，在两个例子中，是平衡的差异导致了雌雄两性个体的出现，其中产生卵子的叫作雌性，产生精子的叫作雄性。

对前述结论的批评，可能只复述了事实，而没有对其做出解释。确实是这样。我们所做的全部工作，都是想要指出可以如此这般地复述这些事实，以表明二者之间并不存在实际意义上的冲突。也许，在未来的某个时间，我们可以获知在由于平衡的差异而产生的两种个体的例子中，涉及了多少基因，以及这些基因的性质是什么。但是，我们现在还不需要如此急迫地这样做，同时也没有哪些证据能够推翻性别决定领域近来产生的成果。

动物中的单倍状态是配子的特点，没有植物中存在的那种单倍体世代与二倍体世代交替出现的例子。但至少存在两三种类型，表明雌性是二倍体，雄性是单倍体。膜翅类和其他几类昆虫至少在发育早期，显示出雌性是二倍体，雄性是单倍体。雌性轮虫是二倍体，雄性是单倍体。在这些例子中，没有任何证据表明存在性染色体。目前来说，还不能从实验证据方面说明这些关系。除非相关证据出现，否则我们提出的一些可能的理论解释，都是不充分的。

另一方面，我们了解了果蝇的性别决定机制，也在实验方面获得了其性别决定中存在与基因有关的平衡效应的证据。最近，布里奇斯观察到一个重要现象。他发现了两只嵌合体果蝇，并通过遗传学证据，确认它们可能是复合体，其中一部分是单倍型，另一部分是二倍型。在一个例证中，单倍型部分包括性梳这一第二性征（正常雄蝇具备，雌蝇不具备)。嵌合体的单倍型部分不存在性梳。也就是说，与我们的预期相一致的是，一群含有 3 条常染色体和 1 条 X 染色体的单倍染色体，与 6 条常染色体和 2 条 X 染色体，产生了相同的结果，二者具有相同的基因平衡效应。尽管嵌合体的单倍型部分像正常雄蝇一样，只含有 1 条 X 染色体，但雄蝇的这条 X 染色体却被 6 条常染色体抵消了。

韦特施泰因报告了一个相反的例子。他通过人工方法培育了藓类植物的二倍型配子体。如果这些配子体发育自单倍型雌性配子体的一个细胞，那么就是雌性的；如果发育自单倍型雄性配了体的一个细胞，那么就是雄性的。在两个例子中，平衡作用与以前一样。很显然，这些例子中的性别不是靠染色体数目控制的，而是取决于相对基因或相对染色体之间的关系。

低等植物的性别及其含义

近来，在一些关于伞菌或担子菌的研究中，雌雄性别的名称问题表现得最明显。在这些被研究的伞菌中，根据汉纳（W. F. Hanna）最近的说法，“真菌学家关注雌雄性别问题已经有超过一百年的历史了”。马蒂尔德·本萨乌德女士（Matilde Bensaúde，1918）、克尼普（Kniep，1919—1923）、芒斯女士（Mounce，1921—1922）、布勒（Buller，1924）和汉纳（1925）的发现，揭示了一个很有意思的现象。出于行文简洁的考虑，我们接下来只谈汉纳最近发表的论文。通过运用一种新的精密技术，汉纳从伞菌的菌褶中分离出单个孢子，并在粪胶培养基中进行培育，结果每个孢子都可以发育成一株菌丝体。再让这些单孢子型菌丝体一个一个地彼此接触，进行检验。在这些组合中，有的会出现彼此联合的现象，并形成长有锁状联合的二级菌丝体，由此表明这两株是“不同性别”的。随后，此类菌丝体还会发育出子实体或伞菌。另一方面，其他组合搭配在一起，却没有培育出长有锁状联合的二级菌丝体，并且通常也不会产生子实体，因此，这种联合就会被认为其菌丝体是“相同性别”的。

现在对同一品系（即生长在同一地区）的单孢子型菌丝体进行检验，结果如图 15-15 所示。两株单孢子型菌丝体联合后产生锁状联合的用“+”表示，不能产生锁状联合的用“-”表示。表中的菌丝体可以分成四个群（属于同一群的菌丝体放在一起）。这一结果被解释为，在我们研究的这个叫作鬼伞菌的物种中，一个子实体的孢子属于四个性别群。

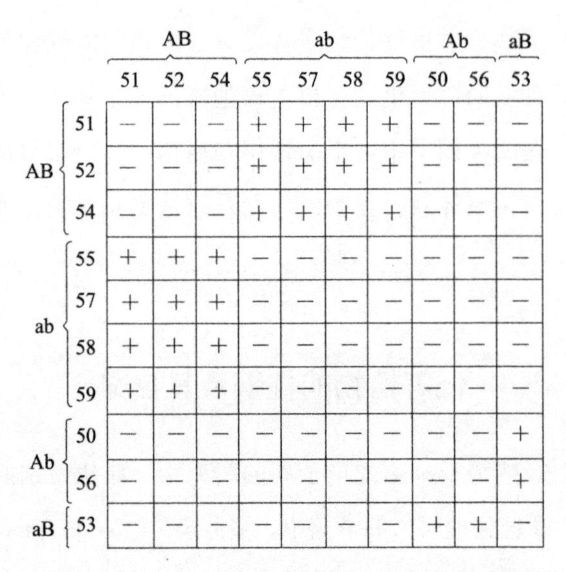

		AB			ab				Ab		aB
		51	52	54	55	57	58	59	50	56	53
AB	51	−	−	−	+	+	+	+	−	−	−
	52	−	−	−	+	+	+	+	−	−	−
	54	−	−	−	+	+	+	+	−	−	−
ab	55	+	+	+	−	−	−	−	−	−	−
	57	+	+	+	−	−	−	−	−	−	−
	58	+	+	+	−	−	−	−	−	−	−
	59	+	+	+	−	−	−	−	−	−	−
Ab	50	−	−	−	−	−	−	−	−	−	+
	56	−	−	−	−	−	−	−	−	−	+
aB	53	−	−	−	−	−	−	−	+	+	−

图 15-15　同一品系的单胞子型菌丝体联合配对产生的性别种类

正如克尼普最早指出的，可以借助于两对孟德尔式因子 Aa 和 Bb 的假说解释这四个群。当孢子由担子形成之时，如果这些因子分离，每个伞菌将产生 AB、ab、Ab、aB 四种孢子。每一种孢子都将发育成具有相同遗传组成的菌丝体。如上图所示，只有那些含有两个不同因子的菌丝体才出现联合，并产生锁状联合。这意味着，存在四种性别，并且只有那些性别因子不相同时才可能出现联合。

还有一个细胞学背景，与上述遗传学假设很吻合。单孢子型菌丝体胞质中的胞核单个排列。两个菌丝体联合之后，新菌丝体（即次级菌丝体）的胞核联合成对。一种合理的假设是，在每对胞核中，其中一个来自某一菌丝体，另一个来自另一菌丝体。假设当四个孢子即将发育形成时发生了减数分裂，因此，每个孢子都包含减数胞核，并且都发育成一株新的减数菌丝体。相同的情况也发生在高等植物和动物的减数分裂过程中，并且使这些霉菌与二倍染色体减少为配子的单倍体时的遗传学结果相一致。当然，在鬼伞菌及其近缘物种中，二倍 - 单倍关系尚不明确，但有可能的是，这是对已知事实的一种正确解释。如果真是如此，那么伞菌中遗传因子的分离，就与其他植物和动物中遗传因子的分离在原则上是相同的。

在任何地区的各品系之间，都存在这种关系。如果检验不同地区的品系，将会发现一个不寻常的结果：一个品系的所有单孢子型菌丝体与其他品系的所有单孢子型菌丝体相联合（即产生锁状联合等）。图 15-16 显示，来自一个地区（加拿大的埃德蒙顿）的一个子实体的 11 株单孢子型菌丝体，与来自另一地区（加拿大的温尼伯）的 11 株单孢子型菌丝体配对联合。不同地区的品系相互交配时，产生同样的结果。在汉纳所做的联合实验中，得出了鬼伞菌的 20 种性别。毫无疑问，如果将其他地区的联合囊括进去的话，那么性别的数目将会大大增加。

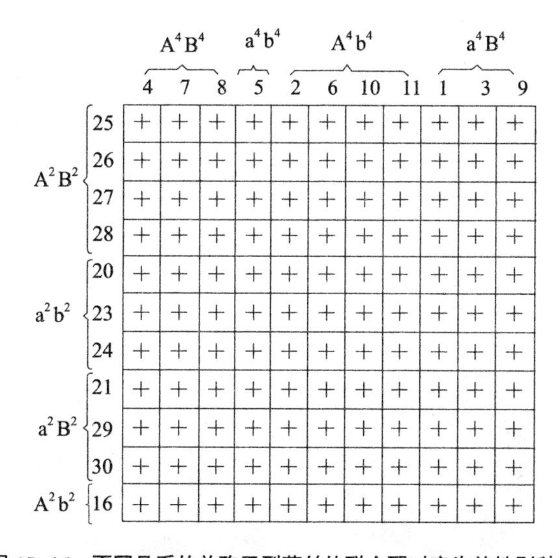

		A^4B^4			a^4b^4	A^4b^4				a^4B^4		
		4	7	8	5	2	6	10	11	1	3	9
A^2B^2	25	+	+	+	+	+	+	+	+	+	+	+
	26	+	+	+	+	+	+	+	+	+	+	+
	27	+	+	+	+	+	+	+	+	+	+	+
	28	+	+	+	+	+	+	+	+	+	+	+
a^2b^2	20	+	+	+	+	+	+	+	+	+	+	+
	23	+	+	+	+	+	+	+	+	+	+	+
	24	+	+	+	+	+	+	+	+	+	+	+
a^2B^2	21	+	+	+	+	+	+	+	+	+	+	+
	29	+	+	+	+	+	+	+	+	+	+	+
	30	+	+	+	+	+	+	+	+	+	+	+
A^2b^2	16	+	+	+	+	+	+	+	+	+	+	+

图 15-16　不同品系的单孢子型菌丝体联合配对产生的性别种类

科学家们不只是进行这种杂交，他们也对杂交过的品系进行了实验，目的是进一步检验因子假说。如果来自不同品系的因子被看作成对的等位因子，并且将一个品系的因子称作 Aa 和 Bb，另一品系的因子称作 A^2a^2 和 B^2b^2，那么，来自这两个品系的菌丝体进行联合，将可能产生多达 16 种的杂交种。同时，每一个来自杂交种的菌丝体，也具有类似于纯种菌丝体的行为模式，即只有两株已知菌丝体不存在共同因子时，才会产生锁状联合。

如果我们在惯常意义上理解相关因子，那么，这里就呈现出规模广泛的性别现象。如果在此基础上定义性别是有利的，我们也并不反对采用这一表述。就我个人来说，我觉得在解释这些结果时，如果采用伊斯特在关于烟草的研究中运用的解释模式，并将相关因子称作自交不孕性因子（见下文），处理起来会显得更简单。在解释它们时，不管大家倾向于采用哪种文字表述，原则上都是一致的。

最近，在名为《相对性别研究》的论著中，哈特曼（Hartmann）描述了得自海藻长囊水云 *Ectocarpus siliculosus* 的研究结果。该植物释放出的游动孢子非常相像，但是，根据它们随后的行为，可以将其界定为雌、雄两类。雌性孢子很快静止下来，雄性孢子继续游动一段时间，并且环绕着一个雌性个体。（图 15-17）一个雄性游动孢子与静止的雌性游动孢子联合。哈特曼将亲代植株逐个分离，当释放出游动孢子时，对与异株孢子的关系进行检验。

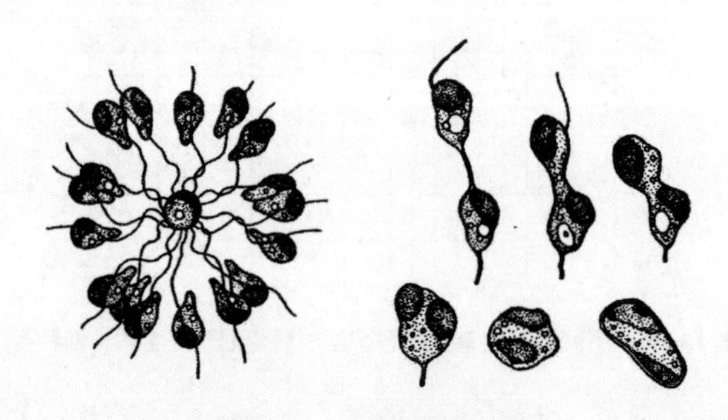

图 15-17　水云的游动孢子

注：左侧显示若干雄性孢子环绕着一个雌性孢子游动，右侧显示雄性孢子和雌性孢子的联合（据哈特曼的研究）。

图 15-18 给出了一种类型的结果，实现联合的用“+”表示，没有实现联合的用“-”表示。每一种孢子都用其他孢子进行检验。在大多数

例子中，来自某一个体的游动孢子对其他孢子，要么一直表现为雄性行为，要么一直表现为雌性行为。但是，在少数例子中，游动孢子在一些联合中表现为雌性，在另一些联合中表现为雄性。如 4 号（图 15–18 左侧）与 13 号的结果，与它们在其他联合中的反应不一致。发现的另一个例外是，35 号与 38 号（图 15–18 右侧）之间的反应，它们的其他行为表现为雄性，但彼此却表现为雄性和雌性的反应。哈特曼根据不同联合中给定的群数，把一些个体说成强雌性，其他的说成弱雌性。并认为在面对强雌性时，弱雌性可能表现为雄性功能；在面对强雄性时，又表现为雌性功能。这些关系在多大程度上受到年龄因素（如静止下来）或环境因素的影响还不十分清楚，虽然哈特曼在检验游动孢子时认为这些关系一直保持这一点似乎排斥了这一解释。遗憾的是，该材料并不适用于对相关因素的遗传学分析。来自某一个体的配子迅速静止下来，是否能够明确表示其“性别”，如果是的话，弱雌性又是如何表现为雄性功能的，等等，都是不明确的。但是，同一植株的配子交配失败，这一现象似乎属于自交不孕以及与之相关的杂交孕育这一相同范畴。目前，将其作为判断性别的标准，或许更多的是选择或定义问题。在这一联系中，涉及将“性别”一词运用于配子的联合和不联合现象，而不是运用于对性别的通常理解，对我而言，这非但不能使问题变得明晰，反而更容易使其混乱。

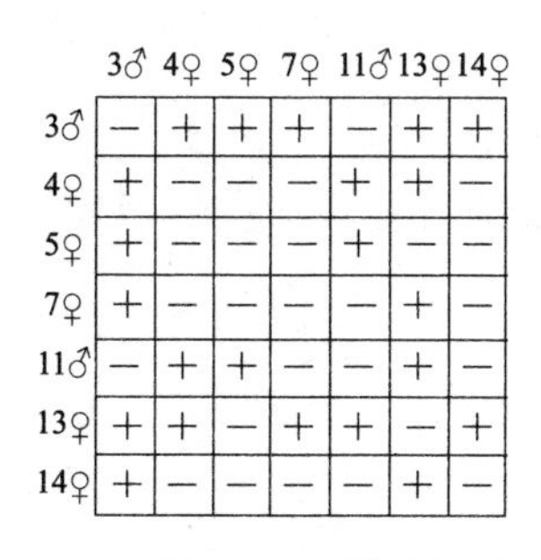

	3♂	4♀	5♀	7♀	11♂	13♀	14♀
3♂	−	+	+	+	−	+	+
4♀	+	−	−	−	+	+	−
5♀	+	−	−	−	+	−	−
7♀	+	−	−	−	−	+	−
11♂	−	+	+	−	−	+	−
13♀	+	+	−	+	+	−	+
14♀	+	−	−	−	−	+	−

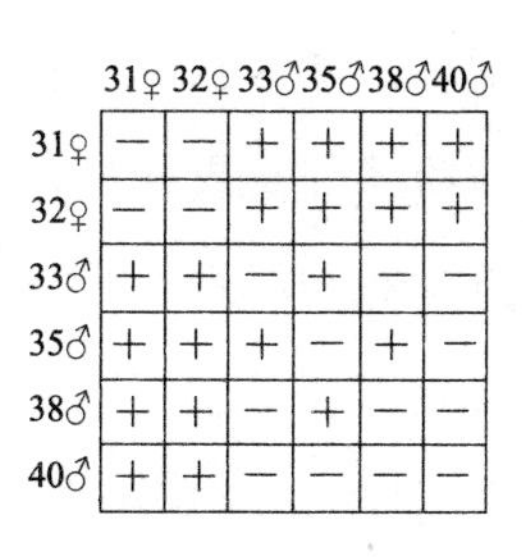

	31♀	32♀	33♂	35♂	38♂	40♂
31♀	−	−	+	+	+	+
32♀	−	−	+	+	+	+
33♂	+	+	−	+	−	−
35♂	+	+	+	−	+	−
38♂	+	+	−	+	−	−
40♂	+	+	−	−	−	−

图 15–18　游动孢子与异株孢子联合配对产生的结果

接下来就可以提出一个问题，即把鬼伞菌的菌丝和水云的孢子联合中涉及的相关因子，称作自交不孕因子，而不是性因子，会不会使问题变得更简单，而又不容易引起混乱呢？伊斯特最近在对烟草自交不孕性所做的研究中取得了重要成果，这一成果第一次将显花植物中常见的杂交和自交孕育问题，建立在具有完备遗传学检验证据的基础之上。显花植物的这些现象，与鬼伞菌和水云配子的联合具有相似之处，二者在过程方法上虽然可能不尽相同，但其遗传学和生理学背景却可能大体相近。

伊斯特和曼格尔斯多夫（Mangelsdorf）用了若干年时间，研究*Nicotiana alata*和*N. forgetiana*两种烟草杂交的自交不孕性遗传。在一篇简要的论文中，他们对这一研究进行了总结。在这里，我们只给出最一般性的结论。借助于特殊操作方法，他们将自交不孕个体培育成自交的、纯合的品系，并维持了十二个世代，进而得到了适合于检验该问题的材料。这里给出一个族系类型的结果作为例子，该例包括a、b、c三类个体，任何一类的任何一个个体，相对于同类的其他个体，都表现为自交不孕性；相对于其他两类的每一个个体，都是可孕育的。但是，通过正反交产生的后代有所不同。如a♀与c♂受精，只能得到b和c两类个体，而c♀与a♂交配，只能得到a和b两类个体。两类个体总是具有相等的数目，但在后代中，从来没有看到母型个体。他们对其进行了如下解释：如果这一族中具有S_1、S_2、S_3三个等位基因，那么a类表示为S_1S_3，b类表示为S_1S_2，c类表示为S_2S_3。同时，如果每类植株的雌蕊只能刺激携带异类自交不孕因子的花粉的发育，那么就为该实验结果找到了一致性解释。例如，植株c（S_2S_3）只对含有除S_2S_3之外的其他因子的花粉提供足够刺激，只有携带S_1因子的花粉才能穿过花柱，与卵子受精。在其产生的后代中，将具有相同数目的S_1S_2（b类）和S_1S_3（a类）。相反，a♀（S_1S_3）与c♂（S_2S_3）交配，将只允许携带S_2因子的花粉穿过卵子，得到S_1S_2（b类）和S_2S_3（c类）。这一结果是所有其他族系的典型代表，它解释了为什么在后代中不存在雌型联合，为什么正反交产生的后代存在差异，还解释了为什么不管父方属于其他两类中的哪一类，两类后代个体（没有母型）在数目上都是相同的。

有几种检验该假说合理性的方法，检验结果都证实了该假说。这种有说服力的分析，是谨慎计划的遗传学实验的结果，是对解决七十五年甚至更长时间里长期困扰学者们的受精问题的最大贡献。这一解决方案不仅是对本例的精妙的遗传学分析，而且深入透视了单倍型花粉管和二倍型雌蕊组织之间的生理反应。直接观察已经证明了，花粉管在雌蕊组织内的生长率与确实存在差异生长率的观点相一致。目前尚不明确此种关系的本质，但是，假设其具有化学性质是合理的。在低等植物中，不同遗传性的菌丝体联合时表现出的自交不孕性，或许可以用相同或类似的化学反应及其遗传学基础来解释。如果这一说法成立的话，那么遗传学问题主要处理的可能就是孟德尔式的自交不孕因子了。把这些因子定义为至少在习惯上适用于雌雄异体生物躯体差异的性别因子，就很值得怀疑了。确实，在这些差异里，涉及产生以相互联合为主要功能的精子和卵子的那些差异。但是，就一般理解而言，这些功能与雄性和雌性个体在身体构成上体现的那些差异相比，还是不够明显的。

第十六章
性中型

近些年，在雌雄异体的物种中发现了一些奇特的个体，呈现出雌雄两种性状的不同程度的组合。目前所知道的性中型有四个来源:（1）来源于性染色体与常染色体比例上的变化;（2）来源于基因内部的变化，不涉及染色体数目的变化;（3）来源于野生种族杂交所导致的变化;（4）来源于环境发生的变化。

来自三倍体果蝇的性中型

三倍体雌果蝇的一些后代属于第一种性中型。三倍体雌蝇的卵子成熟时，其染色体呈不规则分布状态，在放出两个极体之后，保留在卵子内部的染色体的数量不同。这种雌蝇与正常雄蝇交配（雄蝇的精子含有一组染色体），得到几种后代。（图 16-1）可以认为，因为缺乏正常组合的染色体来确保新个体的出现，所以很多卵子完全不能发育。但是，在那些存活下来的卵子中，也有一些三倍体，更多的是二倍体（正常型）和少数的性中型。这些性中型果蝇（图 16-2）含有三组常染色体和两条 X 染色体（图 16-1），其性别公式表示为: 3a+2X（或 3a+2X+Y）。所以，性中型果蝇的 X 染色体数目虽然与正常雌蝇的相同，但是它的普通染色体却比正常果蝇多了一组。由此推断，性别并不取决于现有 X 染色体的数目，而是取决于 X 染色体与其他染色体之间的比例。

二倍体	三倍体	四倍体
2a+2X=♀	3a+3X=♀	4a+4X=♀
2a+X+Y=♂	3a+X+Y= 超♂	4a+2X+Y=♂
	3a+2X= 性中型	
	3a+2X+Y= 性中型	

图 16–1　二倍体、三倍体、四倍体果蝇的性别公式

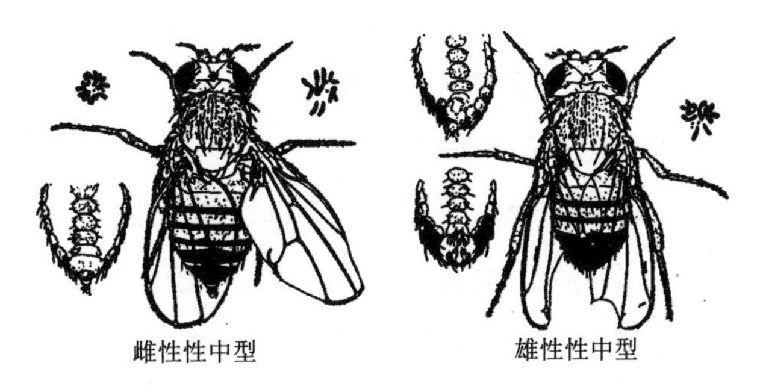

图 16–2　果蝇的雌性性中型和雄性性中型

注：图左方所示为果蝇的雌性性中型。其染色体群含有 X 染色体 2 条、大型常染色体（Ⅱ和Ⅲ）各 3 条，一般还有小型第四染色体（这里有 2 条）。图右方所示为从背腹两面观察的雄性性中型。其染色体群有 X 染色体 2 条，第二、第三染色体各 3 条，一般只有 2 条第四染色体（这里有 3 条）。

根据上述染色体间的特殊关系，布里奇斯断定性别取决于 X 染色体与其他染色体之间的平衡。我们可以假定，X 染色体含有较多形成雌性的基因，其他染色体含有较多形成雄性的基因。正常雌蝇是 2a+2X，两条 X 染色体会使平衡偏向雌性。正常雄蝇只有一条 X 染色体，使得平衡偏向雄性。三倍体 3a+3X 和四倍体 4a+4X 之间的平衡，与普通雌蝇的平衡一样。实际上，三倍体和四倍体与正常雌蝇一样。四倍体雄蝇 4a+2X+Y（还没有得到过）的平衡与正常雄蝇的平衡一样，估计它与正常雄蝇相同。

对性别决定基因的存在而言，三倍体的证据并没有提供详细的知识。如果我们把染色体看作基因，其性别决定必将会与基因存在关联，但前述证据并没有说明此类基因究竟呈现何种形态。即使与基因有关系，我们也无法断定代表雌性的是 X 染色体上的一个基因，还是很多基因。正常染色体也一样，上述证据并没有指出，如果真的存在雄性基因的话，那么该基因到底是存在于所有染色体上，还是只存在于一对染色体中。

但是有两种方法，我们希望某一天会借助它们发现影响性别的基因的一些相关知识。X 染色体可以断裂成片，如果真的存在性基因的话，就能够借助某一种断裂形式发现性基因所处的位置。另一个希望依靠的是发生基因突变。如果其他基因都能够发生突变，假设真的存在特殊的性基因，它有什么理由不发生突变呢？

实际上，已经存在一个例子表明果蝇第二染色体上的一个突变导致了性中型的出现。斯特蒂文特（1920）对这个例子进行了研究，发现这是第二染色体上的某种基因发生变化的结果——雌蝇变为性中型。但是该证据并不能证明是否只有一个基因受到了影响。

根据上述例证，虽然我们可以从基因的角度来说明性别决定机制，但目前还无法直接证明雌雄两性是否各自具有特殊基因。也可能存在一类基因，其性别是由所有基因之间量的平衡决定的。但是，既然我们已经找到了很多证据，来体现基因在其产生的特殊影响上存在极大的差异性，我推断有的基因比其他基因发挥着更多的性别分化作用，似乎是很有可能的。

毒蛾中的性中型

戈尔德施密特对毒蛾族间杂交产生性中型进行了广泛的、非常有意思的重要实验。

普通欧洲雌毒蛾（图 16-3a、b）与日本雄蛾杂交，子代中雌雄各占一半。日本雌蛾与欧洲雄毒蛾交配，产生的子代中雄蛾正常，雌蛾则是性中型或与雄蛾相近（图 16-3c、d）。

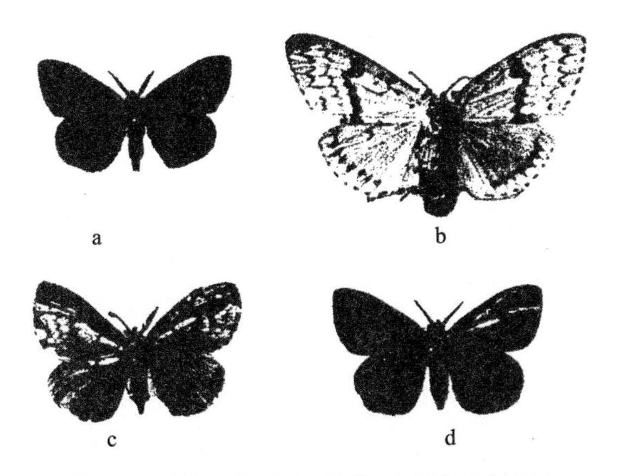

图 16-3　蛾的正常雄性和雌性，以及两个嵌合体

注：a 为雄毒蛾 *Lymantria dispar*；b 为雌毒蛾；c、d 为两种性中型（根据戈尔德施密特的研究）。

之后，戈尔德施密特又在欧洲毒蛾和若干日本毒蛾之间以及各族日本毒蛾之间进行了一系列的精准实验。结果可分为两方面，一是雌蛾最终变成了雄蛾，二是雄蛾最终变成了雌蛾。前者被称作雌系性中型，后者被称作雄系性中型。在此不详述戈尔德施密特的一系列实验，只对其理论推导过程进行简要说明。

他所使用的雄性公式是 MM，雌性公式是 Mm，即 WZ-ZZ 型公式。但是，他又额外增加了另外一组性别决定因子，最初称作 FF，代表雌性。根据研究，雄性因子分离，与一般孟德尔式因子的行为相同。FF 因子不分离，并且只能通过卵子进行传递。戈尔德施密特假设 FF 因子位于胞质内，后来他倾向于将这些因子定位在 W 染色体上。

他为 M（m 无值）和 FF 各赋了不同的数值，进而构建了一个理论体系，并通过这一理论体系来阐述为什么在最早提到的杂交例证中，从一个方向能够得到同等数目的雌性和雄性，从另一个方向却得到了性中型。

同样，他也给其他每个杂交中的 M、F 赋了适当的数值，因此可以对杂交结果做出一个大致统一的解释。

我认为戈尔德施密特列出的公式的特点不是他为因子所赋的值，因为这些数字是任意给定的，而在于他认为只能假设雌性基因在胞质内或在

W 染色体上，才能解释杂交结果。他的这一观点与布里奇斯对三倍体果蝇的研究成果不同，果蝇的反方向影响分别存在于 X 染色体和常染色体上。

近来（1923），戈尔德施密特报告了几个不寻常的例子。他认为这些例子为产生雌性的因子位于 W 染色体上提供了证据。其中一个例子涉及族间杂交，经过“不分离”作用，雌蛾从父方获得了 1 条 W 染色体（其公式中的 Y），从母方获得了 1 条 Z 染色体。这与 Z、W 的正常传递方式正好相反。实验结果指出雌性因子追随着 W 染色体传递。从逻辑上看，这一证据似乎是令人满意的，但另一方面，唐卡斯特（Doncaster）和塞勒也提出，几个不寻常的雌蛾有时也会缺乏 W 染色体。这些雌蛾在任何方面都表现为正常雌性，并且产生同样的后代。[1] 如果按照戈尔德施密特的观点，雌性因子在 W 染色体上，那么这些雌蛾就不能算作雌性了。

在结束戈尔德施密特的学说之前，应该提一提他用于解释性中型嵌合性质的一种非常有意思的观点：性中型是由一些雄性部分和一些雌性部分拼接而成的。戈尔德施密特推测，这是因为胚胎内决定雌雄的两种因子的存在时间有先后上的不同。换句话说，这是因为在性因子的某种组合下，族间杂交种性中型的个体最初是雄性，在后期发育过程中，雌性因子追赶并超越了产生雄性的因子，导致后期的胚胎与雌性相同，最终形成此类性中型的嵌合性质。

相反，另一种胚胎最初是在雌性因子的影响下发育的，最早形成的胚胎部分与雌性相同。在后来的发育过程中，雄性因子追赶并超越了雌性因子，最终出现雄性器官。

戈尔德施密特通常将基因看作一种酶。但是因为他有时也承认这些酶可能是基因的产物，所以他的观点似乎与我们关于基因性质的意见一

[1] *Abraxas* 雌蛾和雄蛾都有 56 条染色体。唐卡斯特发现某个品种的雌蛾只有 55 条染色体，因此 *Abraxas* 雌蛾的染色体中大多含有 1 条 W 染色体。1 条染色体（预计是 W）的缺失，在雌性性状上不会表现出变化。缺少这条染色体的个体总是雌性，因此，这条染色体很可能是 1 条性染色体，而不是 1 条常染色体。

致。在可以获知究竟是所有基因在任何时期内都发挥了作用，还是所有或部分基因只在胚胎的某一发育阶段才发挥了作用之前，我们只能进行推测，此外所能做的就很有限了。

双生雌犊的雄化

我们很早就已经知道，在一对双生牛中，有一头是正常的雌性，另一头是不具备生殖能力的“雌性”，叫作雄化雌牛。雄化雌牛的体外生殖器通常是雌性的，或者更接近雌性，但是已经证明其生殖腺可能与睾丸类似。坦德勒（Tandler）和凯勒（Keller，1911）指出，这类双生牛（其中一头是雄化雌牛）是由两个卵子发育而成的，利利（F. R. Lillie，1917）已经完全证实了这个事实。坦德勒和凯勒还指出，在子宫内这两个胚胎由绒毛膜连接，借此建立起循环上的联系。（图 16–4）马格努森（Magnussen，1918）描述过很多各种年龄的雄化雌牛，并进行了组织检查，以证明老龄的雄化雌牛具有发育良好的睾丸状器官，即具备睾丸的特殊管状结构，如睾网管、性索和附睾。蔡平（Chapin，1917）和威利尔（Willier，1921）证实了这些观察。威利尔还详细记载了卵巢在尚未分化时就进入了睾丸状结构的转化过程。

图 16–4　两个牛胎的绒毛膜相连，其中一头是雄化的雌犊

马格努森（误以为雄化雌牛是雄性）在“睾丸”内部没有发现精子。他认为这是睾丸遗留在腹腔内导致的（隐睾症）。我们知道，在睾丸通常下降到阴囊中的哺乳动物中，如果睾丸遗留在腹腔内，就会出现没有精子的现象。但是在早期胚胎中，当睾丸还在体腔内时，却出现了生殖细胞。据威利尔的研究，在雄化雌牛的“睾丸”里没有发现原来的生殖细胞。

利利断定该雄化雌牛是雌性的，它的生殖腺转变为睾丸状的器官。上述证据为利利的这一观点提供了有力支持，使这一观点不存在被质疑的余地。而这究竟是雄性血液成分产生的影响，还是像威利尔所认为的那样，是血液中睾丸激素产生的影响，却没有最终的答案，因为目前无法证明雄性胚胎的生殖腺所产生的任何特殊物质，可以这样影响幼龄卵巢的发育。既然雄性胚胎的所有组织都含有雄性染色体组合，那么其血液在化学成分上也应该与雌性血液存在差异，由此影响了生殖腺的发育。大家都认同的是，幼龄的生殖腺含有卵巢和睾丸两种原基，或者像威利尔指出的，“在雄化雌牛的生殖腺内产生的各种雄性结构的原基，在性别分化时就已经处于卵巢之内了”。上述观察揭示的最主要的事实是：雄化雌牛没有雄性生殖细胞。双生公牛血液没有导致原始卵细胞向产生精子的细胞方向转化。包括人类在内的哺乳动物时常会出现兼具雌雄两性器官（甚至包括卵巢和睾丸在内）的个体。以前我们将这些个体叫作雌雄同体，现在叫作性中型。出现这一情况的原因尚不明确。克鲁（Crew）的研究报告描述了二十五例山羊和七例猪的例证。[1] 克鲁认为，既然它们有睾丸，那么它们就是发生了变化的雄性。贝克（Bake）最近报告称，在一些小岛上（新赫布里底群岛），性中型非常普遍，“几乎在每个小村子都可以找到它们”。按照他的报告，在有些例子中，性畸形的趋势借助于雄性进行遗传。贝克认为它们多半算作转变了的雌性。[2]

---

[1] 皮克（Pick）等人很早就描述过这种个体，马有两个例子，羊有一个例子，牛有一个例子。

[2] 普兰格（Prange）描述了四例雌雄同体的山羊，有的具有雌性体外性器官，但乳腺不发达。它们的性行为和毛色与雄性的类似，体内有雄性和雌性导管，只是生殖腺是睾丸（隐睾症）。哈曼（Harman）女士描述了一只雌雄同体的猫，其左侧有睾丸，右侧有卵精巢。左侧的生殖器官与普通雄猫的一样，右侧的生殖器官与普通雌猫的一样，只是输卵管的体积存在差异。

第十七章
性逆转

在涉及性别决定的早期文献中，通常会表现出这样一种观念，即胚胎的性别是由胚胎发育的环境条件决定的。也就是说，幼龄胚胎是不具备雌雄性别的，或者说它们是中性的，是环境决定了它们的性别。已经明确的是，产生这种观点的证据都存在某一方面的缺陷，所以没有必要对其进行重点陈述。

近些年来，学者们对性逆转问题进行过一些讨论，认为性逆转指的是原来被决定为雄性的，也可以转变为雌性，反之亦然。有人认为如果这一情况得到证实的话，那么就可以质疑甚至推翻遗传学对性别的解释。这种观点不了解实际上认为性别取决于性染色体或基因的说法，与认为其他因素也可以影响个体发育，导致正常的受基因决定的平衡产生变化，甚至发生逆转的观点并不存在丝毫矛盾。不弄清楚这一点，就完全不能掌握基因理论的基本理念。因为基因理论只是假设在一定的环境下，由于现有基因的作用，预计能够产生某种特殊的影响。

在非常规环境中，遗传上本来应为雄性的个体可能会转化为雌性，反之亦然。这与该个体在其发育的某个阶段表现为雄性功能，在之后的某个阶段又表现为雌性功能相比较，并不存在让人感到特别奇怪的地方。所以，这完全是一个事实问题，只是看是否能够拿出证据，证明具有雄性遗传成分的个体，在一组不同的条件下，能够转化为具备功能的雌性，反之亦然。对于近些年已经有的若干相关例子的报告，我们需要进行仔细、公正的检验。

环境变化

贾尔（Giard）在 1886 年证明了如果雄蟹体上寄生了其他壳类，如 *Peltogaster* 或蟹奴，雄蟹的外部性状就会发育成雌性类型。图 17-1 中，a 显示了雄性蛛蟹成体及其大型螯足；a′表示从腹面观察到的腹部和交配附肢；b 表示雌性成虫，螯足较小；b′表示从腹面观察到的腹部和多刚毛的二叶状抱卵附肢；c 表示早期受到感染的雄蟹，螯足小，类似雌性，腹部宽，与雌性相同；c′表示从腹面观察到的受感染的雄蟹的腹部，具有与雌性相同的小型二叶状附肢。

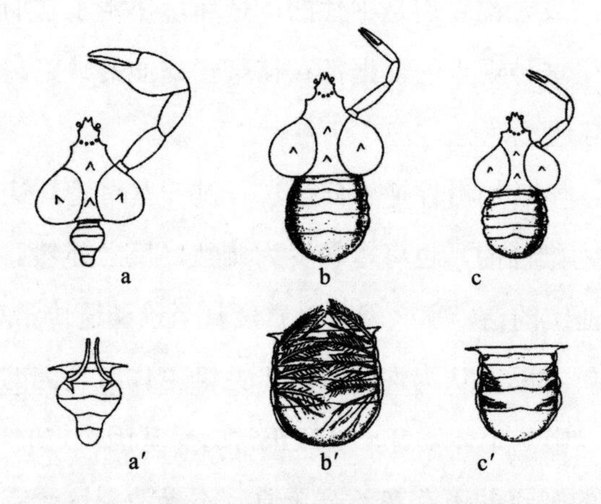

图 17-1　蟹的正常雄性、正常雌性和被寄生雄性

寄生虫长长的根状突起侵入蟹体内部，以吸食蟹的体液为生，同时能够影响蟹本身的生理活动。蟹的精巢最初可能不受影响，但后来就逐渐退化了。杰弗里·史密斯（Geoffrey Smith）至少在一个寄生虫脱离蟹体的例子中，发现再生的精巢内出现了大生殖细胞。他认为那是卵子。

贾尔没有就蟹体变化究竟是因为精巢被吸收还是因为寄生虫对宿主产生了更直接的影响这一问题得出结论。杰弗里·史密斯提供了一些有关血液中脂肪的证据，并拿出一定的证据来支持蟹体发生变化是因为蟹体受到了生理影响这一观点。目前还没有关于甲壳类生殖腺的破坏是否会影响第二性征的证据。

在一些昆虫里，在摘除生殖腺产生的影响方面已经有了证据，其证明了摘除精巢或卵巢不会改变第二性征。因此，科恩豪泽（Kornhauser）（1919）描述的一种甲虫 *Thelia* 的例子显得更有意义。*Thelia* 被一种膜翅类 *Aphelopus* 寄生时，雄虫表现出雌性的第二性征，至少不能产生雄性的第二性征。

甲壳类的十足目生物大多是雌雄异体的，但也存在少数几个例子，在一种性别或两种性别中，卵巢和精巢同时存在。还有少数几个例子，在幼龄雄虫的精巢内可以观察到大型卵状细胞。也有几个关于蝲蛄的性中型的研究，但还不清楚其是否存在完全的逆转。[1]

有几位观察者［库特纳（Kuttner）、阿加（Agar）和班塔（Banta）等］对水蚤及与其亲缘关系较近的类型中的性中型进行了描述，但没有看到完全逆转的例证。塞克斯顿（Sexton）和赫胥黎（1921）最近对一些称作雌性性中型的水虱个体进行了描述，它们"在成熟时，多少会与雌性相似，但会逐渐地与雄性相似"。

大多数的藤壶是雌雄同体。但在一些属中，除了固定的大型雌雄同体类型外，还有一些微小的起辅助作用的雄性，还有少部分物种只有固定的雌性和起辅助作用的雄性。我们通常将固定的个体看成真正的雌性，但杰弗里·史密斯认为自由游动的幼虫固定下来之后，就会生长壮大，经过雄性阶段，然后变成雌性。但是，如果自由游动的幼虫附着在雌性个体上，就会只发育到雄性阶段为止。这似乎只能表明，一个未发育的个体要么发育成雌性，要么终止发育而成为雄性，是取决于环境的。

最后一个例子与巴尔策描述的后螠 *Bonellia* 的例子很相近。自由游动的后螠幼虫如果附着在雌螠的吻上，就会非常细小，产生精巢。但如

---

[1] 参见法克森（Faxon）、海（Hay）、奥特曼（Ortman）、安德鲁斯（Andrews）、特纳（Turner）的研究。

果幼虫单独定居下来，就会发育成一个大型的雌性个体。这个证据并不排斥两种个体各自向着一个方向分化的可能性，但巴尔策的解释看起来是有其合理性的。

如果上述解释就是对藤壶和后螠的正确解释，那么这就意味着这些类型的性别是由环境决定的，从基因方面看，这表明所有个体都是一样的。[1]

与年龄相关联的性别变化

生物学家都知道，动物和植物中存在几个例子，其个体最初呈现出雄性功能，后来又表现为雌性功能，或者是先雌后雄。但是，性逆转发生的特殊例子都是那些已经知道原本被染色体组合决定了的性别，据说在极少数情况下，还会逆转为另一性别，而染色体组合却没有发生变化。

根据南森（Nansen）和坎宁安（Cunningham）的研究报告，幼龄盲鳗 *Myxine* 是雄性，后来变成了雌性。但是之后施赖纳（Schreiner）的观察指出，虽然幼龄盲鳗属于雌雄同体（生殖腺的前端是精巢，后端是卵巢），但其机能并非如此。每条盲鳗最后都会变成真正的雄性或雌性。

饲养剑尾鱼 *Xiphophorus helleri* 的人们在各个时期都有雌鱼变雄鱼的报告，虽然在至少一个例子中发现了成熟的精子，但还没有报告指出这些逆转的雌性究竟会得到哪种性别的后代。最近，埃森贝格（Essenberg）对此类幼鱼生殖腺的出现进行了研究。刚出生的鱼长 8 毫米，生殖腺处于“中性阶段”，腺内含有两种细胞，都是从腹膜发育而来的。当鱼长到 10 毫米时，其性别开始变得明确。雌鱼的原始生殖细胞逐渐形成幼小的卵子，雄鱼的生殖细胞（精细胞）从腹膜中分化出来。埃森贝格在鱼的体长为 10~26 毫米的未成熟时期，记录了 74 条雌鱼和 36 条雄鱼，雌鱼

[1] 根据古尔德（Gould）的观点，舟螺 *Crepidula plana* 的幼螺如果定居在雌性附近，就会在一开始就变成雄性，并一直保持这一状态。如果幼螺离开大个体而独自定居，就不能产生精巢，之后会变成雌性。

中包含退化型，即正在进行由“雌”变“雄”的逆转过程的雌鱼。根据贝拉米（Bellamy）的报告，成鱼的雌雄性别之比是 25∶75。这种变化应该不是生存力不同的结果，而是因为性别逆转。这种变化在体长为 16~27 毫米的鱼中最普遍，但也可以在之后的其他阶段出现。因此，数据表明，几乎一半的“雌鱼”变成了雄鱼。但这并不是说具备功能的雌鱼变成了雄鱼，而是说一半的幼龄“雌鱼”因为具有了卵巢而被认为是雌鱼，该卵巢最终变成了精巢。最近，据哈姆斯（Harms）报告，剑尾鱼中的一些没有生殖力的老龄雌鱼变成了具有功能的雄鱼。这些转化过来的雌鱼，在作为雄鱼繁殖时，只产生雌性后代，这意味着如果这条鱼产生同型配子，那么所有具有功能的精子就都是带有 X 染色体的。

最近，容克尔（Junker）报告了一个奇特的例子。具缘石蝇 *Perla marginata* 的幼龄雄蝇（图 17–2）经历了一段具有卵巢的时期，卵巢内含有发育不全的卵子。其雄性含有一条 X 染色体和一条 Y 染色体，雌性含有两条 X 染色体。（图 17–3）当其发育为成虫时，雄虫的卵巢消失，精巢内部产生正常精子。我们必须进行这样的推论，即雄虫在幼龄阶段，缺失一条 X 染色体，不足以抑制卵巢的发育，但在变为成虫之后，其染色体组合却发挥了作用。

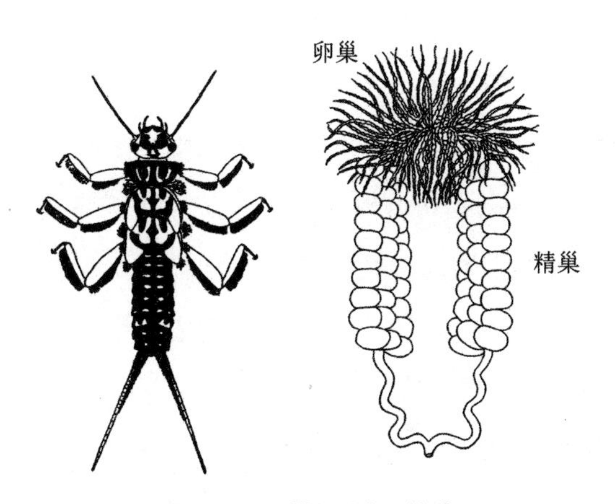

图 17–2　石蝇的幼虫和性腺

注：左图为具缘石蝇，右图为幼龄雄虫的卵巢、精巢（根据容克尔的研究）。

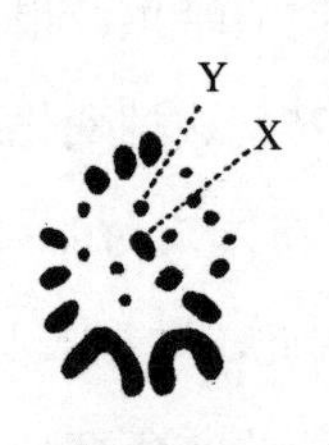

精原细胞

二倍型雄卵

卵原细胞

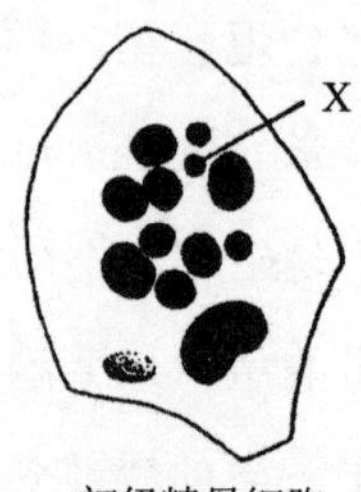

初级精母细胞

图 17-3　石蝇的精原细胞、卵原细胞和二倍雄性卵子的染色体群

蛙类的性别与性逆转

自普夫吕格尔（Pflüger）在 1881—1882 年的研究工作之后，大家都知道幼龄蛙类的性别比例比较特殊，同时在从蝌蚪到蛙的这段变态时期里，生殖腺通常会表现出中间状态。此类个体究竟是雌性还是雄性，引发了不少争论。近年来，有研究证明，这种中间型通常会变成雄性，甚至有人认为很多族的雄性都要经历这一阶段。

里夏德·赫特维希（Richard Hertwig）的实验表明，延迟蛙卵的受精时间，就会大大增加雄性的占比。在极端情况下，甚至所有个体都会变成雄性。但是，在延迟蛙卵的受精时间与染色体的改变之间建立联系的尝试一直没有成功。

进一步的研究表明，因为不明白异族蛙类在精巢和卵巢的发育上体现出的明显差异，之前的研究成果就变得不那么清晰了。维奇（Witschi）指出欧洲山蛤 *Rana temporaria* 通常可以分成两类或者两族。一类的精巢和卵巢是直接从早期生殖腺分化而来的，这类蛙生活在山丘地带和偏远的地方。另一类生活在山谷和中欧地区，其成雄个体的生殖腺在经历一段中间时期之后，腺内含有他认为是未成熟卵子的大细胞。这类细胞后来被另一组新的生殖细胞取代，并形成真正的精子。这一类被称为未分化族。

斯温格尔（Swingle）发现两类或两族美国喧蛙，大体上说，其中一类的精巢和卵巢很早就从生殖腺中分化出来，另一类分化得比较晚。在第二类雌蛙中，原生殖腺中的大细胞后来发育为真正的卵子。但是雄蛙的原生殖腺在雌蛙分化之后继续存在一定的时间。其大细胞可以分化为精子，但这些精子的大部分后来又被吸收，而一些尚未分化的细胞却变成了真正的精子。斯温格尔不把雄蛙的原生殖腺中的大细胞当作卵子，而是看作雄蛙的精母细胞。他证明了这些细胞在经历过一次失败的成熟分裂之后就被破坏大半了。换句话说，雄蛙没有经历过雌蛙阶段，看起来好像它只是在第二次成熟分裂之后与分化之前，进行了一次变成精子的失败的尝试。

不管如何解释原生殖腺中的大细胞，当前探讨的问题是，外部条件或内部条件是否可以影响已经预先决定的雌蛙的原生殖腺，并导致其形成具备功能的精细胞。维奇的证据为证明中性族内部的这一逆转提供了支撑。

表 17-1 显示了维奇汇集的德国和瑞士各地的观察者报告的山蛤性别比例。最右边一列显示了雌性所占的比例，50% 即 1∶1 的比例。因此，前两群（群Ⅰ、群Ⅱ）的性别比例接近 1∶1，后三群（群Ⅲ、群Ⅳ和群Ⅴ）的雌性具有较高的占比，有的地区最高达到一对雌雄产生的所有个体都是雌性（100%）。它们都可以归为中性族。

维奇发现的最重大的事件是，分化族与未分化族性别比例差异的遗传。赫特维希让异族的雌性与雄性杂交。

（1）未分化族雌性配对分化族雄性 =69 未分化型雌性 +54 雄性

（2）分化族雌性配对未分化族雄性 =34 雌性 +54 雄性

杂交（1）的雌性子代都是未分化型，杂交（2）的雌性子代较早分化。维奇断定分化族的卵子比未分化族的卵子对雌性的决定作用更强。

在另一实验中，赫特维希用“雌性决定能力”强弱不同的各未分化族进行杂交。得出的结论是：弱卵子和强精子受精，其结果与强卵子和弱精子受精的结果一样。“同一类型的卵子或成雌精子，具有同样的遗传组合。”

表 17-1　不同地区的各种山蛤在形态变化以后（最多两个月）的性别比例

群	地 区	作 者	动物样本数目	雌性(%)
I	乌尔施普龙（拜恩阿尔卑斯山）Ursprungtal（Bayr. Alpen）	维奇（1914b）	490	50
	赛尔提塔（雷蒂亚山脉）Sertigtal, Davos（Rätische Alpen）	维奇（1923b）	814	50
	施皮塔尔（格里姆赛山口，伯尔尼山）Spitalboden（Grimsel, Berneralpen）	维奇	46*	52
	里加 Riga	维奇	272	44.5
	柯尼斯堡 Königsberg	普夫吕格尔（1882）	370 500*	51.5 53
II	埃尔萨斯 Elsass（Mm）	维奇	424	51
	柏林 Berlin	维奇	471	52
	波恩 Bonn	维奇	290	43
	波恩 Bonn	格雷斯海姆（v. Griesheim）和普夫吕格尔（1881—1882）	806 668*	64 64
	韦瑟尔 Wesel	格雷斯海姆（1881）	245*	62.5
	罗斯托克 Rostock	维奇	405	59
III	格拉鲁斯 Glarus	普夫吕格尔（1882）	58	78
IV	洛赫豪斯（慕尼黑）Lochhausen（München）	维奇（1914b）	221	83
	多尔芬（慕尼黑）Dorfen（München）	施米特（1908）	925*	85
	乌得勒支 Utrecht	普夫吕格尔（1882）	780 459*	87 87
V	弗赖堡（巴登）Freiburg（in Baden）	维奇（1923a）	276	83
	布雷斯劳 Breslau	博恩（Born）（1881）	1 272	95
	布雷斯劳 Breslau	维奇	213	99
	埃尔萨斯 Elsass（r）	维奇	237	100
	依兴豪森（伊萨尔河南慕尼黑）Irschenhausen（Isartal südl. München）	维奇（1914）	241	100
		合计	10 483	

注：*表示野外捕获的样本

关于蛙类的染色体成分问题，存在着持续多年的争议，不只是涉及含有多少条染色体的问题，还涉及具有二型配子的究竟是雄性还是雌性问题。几个物种的染色体最有可能的数目似乎是 26 条（n=13），也有其他数目（24 条、25 条、28 条）的报告。根据维奇最近的研究结果，山蛤含有 26 条染色体，包括雄性的一对尺寸不同的 X、Y 染色体。（图 17-4）如果这一点得以证明，那么雌性就是 XX（同型配子），雄性就是 XY（异型配子）。

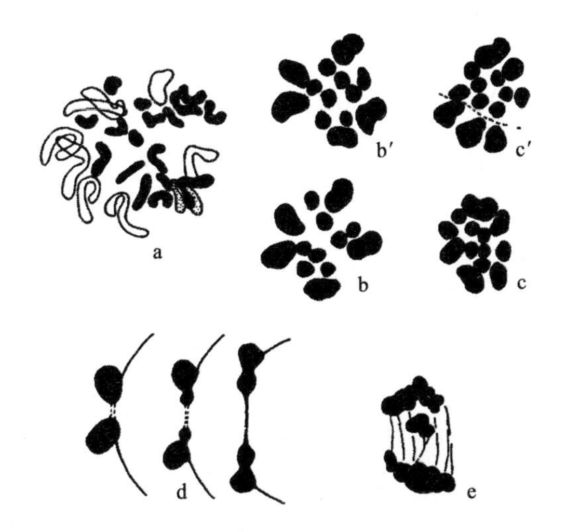

图 17-4　山蛤的染色体群

注：a 为二倍型雄性染色体群；b 和 b′为第一次精母细胞分裂后期，各有 13 条染色体；c 和 c′同上；d 为第一次精母细胞分裂时 X、Y 染色体的分离；e 为第二次精母细胞分裂时 X、Y 染色体的分离（根据维奇的研究）。

普夫吕格尔（1882）、赫特维希（1905）以及后来的库恰克维奇（Kuschakewitsch，1910）已经证明过度成熟的卵子可以增加雄性的性别占比。但是，因为这些实验并没有用同一个雄性与同一组卵子受精，所以实验结果受到质疑。赫特维希自己就指出，低温效果与过度成熟的效果相似，很多胚胎是畸形的。维奇证实了赫特维希的实验结果（用 *Irschenhausen* 族蝌蚪）是正确的。大约过度成熟 80~110 小时的卵子，能发育出 74 个雄性、21 个雌性和 20 个中性蝌蚪。[1]

赫特维希对正常卵子和延迟卵子（相隔 67 小时）的性别比例进行了比较，得到如下结果。通过正常受精得到的 49 日龄蝌蚪（临近变态之前），有 46 个中性雌性。通过延迟受精得到的蝌蚪具有 38 个中性雌性与 39 个雄性。在大约 150 日龄的正常蛙中，有些是分化型雌性，有些是具有中性生殖腺的雌性，有的是雄性（数目不详）。从延迟受精的

[1] 蝌蚪的死亡率为 20%，幼蛙的死亡率为 35%。

卵子中得到了 45 个中性雌性与 313 个雄性。一年龄蛙具有 6 个雌性和 1 个雄性（正常受精），以及 1 个雌性和 7 个雄性（延迟受精）。过度成熟似乎能够促进雄性的分化，还可以促使中性个体（列入未分化雌性）逆转为雄性。

究竟如何解释卵子过度成熟的结果目前还不清楚。从表面上看，这些结果似乎意味着正常应该成为雌性的可以变为雄性。这种雄蛙的精子的性别决定机制究竟是什么性质，还没有进行相关的遗传学检验。从理论上看，这些精子应该属于同型配子。但是，自然条件下的此类个体似乎很难生存和发挥其功能，否则过度成熟的情况一定不是这样少。为什么实际上没有发现正常雄性会产生 100% 的雌性？维奇已经指出，过度成熟卵子的分裂出现异常，并且他所检查的少数胚胎都表现出内部缺陷，不过还不清楚在这些缺陷与雌性逆转为雄性之间，是否存在某些关联。

维奇的实验（1914—1915）表明，生殖腺（或原有生殖腺）还没有出现分化，或者说雌雄同体的生殖腺还没有成熟时，此类个体可能会在外部因素的作用下逆转为雌性。

大多数 *Ursprungtal* 族的蝌蚪很可能是未分化族。该族蝌蚪在 10℃时，具有 23 个雄性和 44 个雌性。在 15℃时，具有 131 个雄性和 140 个雌性。在 21℃时，具有 115 个雄性和 104 个雌性。很明显，该族蝌蚪的性别与温度之间不存在关联。

另一方面，*Irschenhausen* 族的蝌蚪在 20℃条件下饲养时，具有 241 个未分化型雌性，在 10℃条件下饲养的六个批次中，具有 25 个雄性和 438 个雌性。维奇据此得出的结论是，低温作为一种雄性决定因子，不应该被忽视，很多这种所谓的雌性后来发育成雄性。之后在谈到这些实验时，他指出：“低温使雄性转变为雌性早熟的幼龄雌雄同体，通常这是未分化族表现出的正常现象。”

所以，还不清楚除了真正的雄性状态延缓，究竟是否存在别的因素。

现在我们只能根据现有证据，得到一个暂时的结论，即一半未分化族的个体在正常情况下应变为雌性，看起来它们的生殖细胞能够变成精细胞，也可以被来自另一来源并在之后变成精子的细胞取代。也就是说，通常对得到雄性或雌性起充分作用的那种基因平衡，也可以被环境因子“抵消”。一个染色体平衡产生的雌性个体可以产生精巢，这意味着每一只蛙都可以产生精巢和卵巢。在正常情况下，XX 个体只产生卵巢，XY 个体只产生精巢。但是，在非正常条件下，XX 型的雌蛙可以产生精巢。目前还不能证实是否可能有相反方向的逆转。

有很多关于雌雄同体成蛙的报告，其中三种见图 17−5，克鲁列举了 40 个最近的例子。尚不清楚这些雌雄同体的蛙与上述性逆转之间是否存在某种关系。也许重要的是，上述实验也报告了几个雌雄同体的个体。另一方面，有的雌雄同体个体也可能有不同的起源。但是，它们的附属性器官不对称的很少，通常生殖腺组织呈现出不规则分布状态，因此也没有太多证据可以证明它们是性染色体排出之后导致的雌雄同体或嵌合体。如果支持雌雄同体型的精子和卵子都是同型配子的证据有效，那么把排出染色体作为一种可能的解释就丧失了基础。

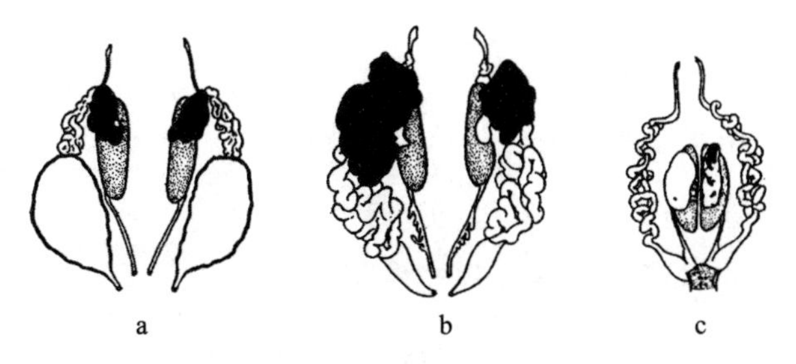

图 17−5　三种雌雄同体型的蛙

维奇从一个雌雄同体的个体中成功分离出成熟的精子和卵子，并用精子与一个分化族的卵子进行检验，得到如下结果：

（1）分化族雌性的卵子配雌雄同体的精子 =♀♀

（2）雌雄同体的卵子配分化族雄性的精子 =50%♀+50%♂

雌雄同体的卵子又与同一个体的精子受精，得到45♀和1个雌雄同体的个体，由此：

（3）雌雄同体的卵子配雌雄同体的精子 =45♀+1 雌雄同体

上述结果表明原来的雌雄同体型雌蛙属于XX型。每个成熟卵子含有一条X染色体，每个具备功能的精子也都含有一条X染色体。这将自然而然地得出如下任一结果：要么是每条精子含有一条X染色体；要么是一半精子含有X染色体，另一半精子不含X染色体。但是，在后一种情况下，精子会在母体内死亡（从未发挥作用）。[1]

雄蟾蜍的毕氏器向卵巢的逆转

雄蟾蜍精巢的前部由类似幼小卵细胞的圆形细胞构成。（图17-6）甚至在精巢后部或精巢本身的生殖细胞未分化之前，幼蟾蜍的精巢前部就已经很明显了。精巢前部的这一器官称为毕氏器，很多年来引起了动物学家的兴趣。对于毕氏器可能具备的功能，他们提出了很多观点。最常见的解释是将毕氏器看作卵巢，毕氏器的细胞和卵子类似就是该解释的有力证据。但是，雌性幼蟾蜍在其卵巢前端也具有毕氏器，这就很难解释了，否则雌蟾蜍就应该在前端有退化的卵巢或祖型退化卵巢，而后端又有具

图17-6　蟾蜍的毕氏器

注：半成年的加利福尼亚雄蟾蜍，其精巢的前部有毕氏器，两侧有各种脂肪体叶，下面是肾脏。精巢壁上有分支血管，精巢前部的毕氏器由若干叶构成。

---

[1] 根据克鲁（1924）的报告，他成功地使雌雄同体的精子与来自同一个体的卵子受精。各个蝌蚪的生殖腺直接发育起来。发育过程可以明确性别的所有子代（774）都是雌性。可以将母蛙视为一个真正的XX型雌性，其产生的卵子和精子各含有一条X染色体。另外，维奇（1928）把七周龄的 *Rana sylvatica* 雌性蝌蚪放在32℃下，使所有雌性的卵巢都转化成精巢（含有精原细胞），雄性没有变化。（1928年补充）

备功能的卵巢了。

居耶诺（Guyénot）、蓬斯（Ponse）（1923）和哈姆斯（Harms）（1923，1926）的实验相继证明：在幼蟾蜍的精巢被完全摘除后的两三年里，毕氏器发育成卵巢，并产生卵子。（图 17-7）我们观察到了卵子从母体排出及受精之后的发育过程。毫无疑问，幼蟾蜍摘除精巢之后变成了雌性，而接受手术的个体究竟应该算作雄性还是雌雄同体，或许属于定义问题。我倾向于称其为雄性，并认为上述结果表明，正是由于摘除了精巢，雄性才得以逆转为雌性。我认为雄蟾蜍器官里的细胞可能发育成卵子是一个次要问题。这是因为一般而言，即便性别取决于染色体机制，这也不意味着预定生殖腺所在区域的未分化细胞由于含有在另一情况下产生雄性的某种染色体群，就不能在不同的环境下变成卵细胞。从基因方面看，这意味着蟾蜍具有某种基因平衡，在正常发育条件下，一部分生殖腺（前端）开始发育成卵巢，另一部分生殖腺（后端）开始发育成精巢。卵巢的发育在发育过程中追赶上了精巢的发育，并抑制了精巢的进一步发育。但是，如果摘除了精巢，这种抑制作用就随之消失，于是毕氏器细胞得以再次发育，成为具备功能的卵子。蓬斯通过逆转的雄蟾蜍卵子，得到了 9 个雄性和 3 个雌性个体。哈姆斯用同一只雄蟾蜍繁育了 104 个雄性和 57 个雌性子代个体。假设雄蟾蜍为 XY 型，预计逆转的雄蟾蜍会含有各占一半的 X 和 Y 两类卵子。如果这些卵子与正常雄蟾蜍精子受精，那么预计在子代中，将会出现 1XX+2XY+1YY 的情况。YY 型个体大多不能发育，进而导致了 2 雄和 1 雌的雄雌数目。这一推测与实际观察的结果相吻合。

尚皮（Champy）对蝾螈 *Triton alpestris* 中一个完全性逆转的例子进行了描述。一只雄蝾螈本来表现为雄性功能，具备生殖能力，随后使其断食。在这种情况下，精子无法进行正常的更新，但蝾螈还会保持“中性状态”，其特点是精巢中出现原生殖细胞。它在这一状态下度过整个冬天。取两只断食的雄蝾螈，对其增加营养，之后就会出现从雄性颜色向雌性颜色的转化。几个月后，检查其中的一只，尚皮认为检查结果证明了性逆转。由于这个例子最近被用作性逆转的充分证据，因此有必要仔细地阐述一下尚皮的研究报告。他观察到的不是卵巢，而是一个大体上与幼小卵巢相似的长形器官。在切片上可以看到器官上有幼小的卵形细胞（“卵母细胞”），该细胞与变态期内的幼蝾螈细胞相似。还可以明显地观察到一条白色弯曲的输卵管。尚皮认为，这是一只具有幼小雌蝾螈卵巢的成年动物。该证据似乎指出，断食的办法导致了精母细胞和精子的吸收，但这并不能明确地指出之后出现的新细胞究竟是膨大的精原细胞，还是原生殖细胞，或者是幼小的卵子。根据其他得自两栖类动物的证据（维奇、哈姆斯、蓬斯），以下结论并非无稽之谈，即这些细胞确实是幼小的卵细胞，并且发生了不完全的性逆转。

图 17-7　阉割后，毕氏器转化为卵巢

注：精巢在早期被摘除的三年龄蟾蜍，其毕氏器已发育成卵巢。在右图中，为了显示胀大的输卵管，把卵巢翻到一侧了（根据哈姆斯的研究）。

Miastor 中的性逆转

Miastor 和 *Oligarces* 这两种蝇，一开始是通过单性繁殖得到很多世代的蛆虫，最后才出现有性世代的有翅的雄蝇和雌蝇的。

假设有翅雌蝇的卵子与有翅雄蝇的精子受精，一直发育到蛆（幼虫）阶段终止。这些不能发育为成虫的蛆产生卵子，卵子再单性发育为蛆。

蛆又产生新一代的卵子。这样一直循环下去，终年不息。蛆生活在死树的皮下，有些物种的蛆生活在伞菌内。在春夏两季，从最后一代蛆的卵子中孵化出有翅的雄蝇和雌蝇。有翅蝇的产生似乎与环境的某种变化有关。哈里斯（Harris）证明，当培养容器中挤满了蛆时，如果条件合适，就会产生成虫。在其他饲养条件下，或蛆的数目较少时，蛆会继续在幼虫期产生卵子（幼体繁殖）。目前尚不清楚拥挤的有效因子是什么。哈里斯发现，如果把一条蛆产生的幼虫放在一起饲养，再把它们的子代放在同一个培养基内，就会在每一个培养基内得到性别相同的成蝇。这似乎表明，每一条个别的蛆，在遗传成分上要么是雄性，要么是雌性，并借助单性繁殖得到相同的性别。如果这一结论正确的话，就会推导出这一结论，即决定雄性的蛆和决定雌性的蛆，都产生了具备功能的卵子。目前，我们还没有得到任何关于性染色体在这些蝇类中的分布情况的证据。

本例说明，决定雄性的个体在其生活史中的某一时期，产生了单性发育的卵子，而在另一时期则会产生精子。

禽类的性逆转

人们很早就知道，老龄母鸡和患有卵巢肿瘤的母鸡可以生长出公鸡的次级羽，有时还会表现出公鸡的特有行为。我们也知道［据古德尔（Goodale）］，将小鸡仅有的左侧卵巢全部摘除之后，待其成熟时，就会出现雄性的第二性征。假设母鸡的正常卵巢会产生某种物质，该物质会抑制羽毛的充分发育，那么以上两种结果就都可以得到解释。如果卵巢发生疾病或被摘除，母鸡就会将其遗传成分的所有可能性都发挥出来，而这些特征通常只会出现在公鸡身上。

我们知道，有的鸡是雌雄同体的，既有卵巢又有精巢，虽然二者通常不能充分发育。在大多数例子中，生殖腺内通常会有一个肿瘤，这可能不一定重要。让人产生疑问的是究竟是先有雌雄同体的状态，然后出现肿瘤，还是先产生正常母鸡的卵巢肿瘤，然后精巢才开始发育。所有这些例子都没有出现先表现出雌性功能，而后表现出雄性功能的性逆转的现象。但是，克鲁（1923）最近的报告提到了一个例子，据说一只母鸡产了蛋，并且繁育出小鸡（不清楚是不是从这些蛋中孵化的）；小鸡成熟后成为一只具备生殖能力的公鸡，该公鸡与正常型母鸡交配，得到两个受精卵。上述公鸡授精的实验结果是在受控的条件下得到的，似乎不存在什么问题。但是，原先母鸡的发展历程却未必可信，因为它很明显是一小群无法追溯其历史的鸡中的一只，对于其是否产蛋，没有直接观察或捕笼产蛋的证据。杀掉这只鸡之后，发现其卵巢部位有一大块肿瘤。"具有与精巢完全类似的结构，与该组织的背侧合并，在其身体另一侧的同一位置上也产生了另一个形状相同的结构。"在精巢内部，可以观察到精子产生的各个时期。在其左侧，"发现一条细长的输卵管，靠近排泄腔的部分最宽，直径大约有3毫米"。

里德尔（Riddle）记录了第二个例子。一只斑鸠一开始呈现出雌性功能，可以连续产蛋。之后它停止产蛋，同时呈现出雄性的求偶和交配行为。过了几个月后，该斑鸠因晚期肺结核死去。解剖后，由于将其误认为是其配偶（该公斑鸠在十七个半月前死亡），因此将其记录为公鸠。之后在决定其编码和记录时，才发现它原来是一只母斑鸠，但是其"精巢"已经被抛弃了。目前尚不清楚被看作精巢的器官中是否存在精子。

摘除禽类卵巢产生的影响

将幼鸡唯一的左侧卵巢全部摘除是一个很困难的手术。1916年，古德尔成功地做过几次这类实验，结果鸟类出现了雄性羽。古德尔又报告称，鸡体右侧有一个圆形体，附带着他比作早期生肾组织的小管。最近，贝努瓦（Benoit）描述了摘除卵巢对幼鸟的影响。通常，羽、冠、足距受到的影响与古德尔研究的禽类一样，但是他还描述了在退化了的左侧

“卵巢”部位，出现了精巢或精巢状的器官。同时，在已经摘除的左侧卵巢部位，有时也会出现一个相同的器官。有一个例子，在生殖细胞的各个成熟阶段，甚至发现了精子核质固缩。这是目前对精巢状器官内含有精子甚至具备真正的生殖细胞的唯一记录，因此要进行审慎严密的检验。在孵出后二十六天，摘除鸟的左侧卵巢。六个月后，鸟冠变为红色，并胀大、直立，与雄鸟的冠一样大。在右侧出现了一个类似于精巢的器官。经过组织学检查，发现其内部含有细精管，管内有发育的各个时期的精子。精细胞的胞核固缩，精子数量稀少，看起来也不正常。雄鸟的输精管从这个器官延伸至泄殖腔。精巢根部还有一条管状结构，与幼龄雄鸟的附睾相似。这是精巢状器官内含有精子的唯一记录。在经过贝努瓦手术的其他鸟体内，虽然也出现了精巢状器官，但没有发现存在生殖细胞。有没有可能是因为这个例子出现了一个错误，即该鸟本来就是雄鸟？其次，贝努瓦发现摘除精巢之后，鸟冠萎缩，该鸟变得与阉鸡一样。在其他例子中尚未发现鸟冠萎缩的报告。但是，含有精子的精巢状器的存在依然可能导致冠和冠垂的完全发育。还有一只鸟在孵出后的第四天被贝努瓦摘除卵巢，该鸟在四个月内产生了一个不寻常的器官。检查后发现，其右侧产生了一个精巢状器官，不知道其内部包含了哪些物质。

贝努瓦对一只幼龄正常母鸡右侧卵巢原基的组织结构进行了检查。他将其描述为与幼龄公鸡的附睾相同，输出管和精巢网具有纤毛。他认为鸟的右生殖腺不是不发达的卵巢，而是不发达的右精巢，在左侧卵巢摘除时，才产生了精巢。按照我的想法，上述证据并不需要该结论，因为人们知道，在脊椎动物生殖器官的早期发育中，雌鸟和雄鸟都具备了雄性和雌性两种主要附属器官。因此，个体在正常发育过程中受到干扰时（摘除左侧卵巢），那些还不发达的器官就可能开始发育，最终形成精巢状结构，并且按照目前报告过的大多数例子，该结构中不存在精子。左侧球状器官的存在［古德尔和多姆（L. V. Domm）都分别进行了报告］似乎也支持这一解释，这些证据不利于贝努瓦的观点。

多姆（1924）最近发表了关于幼鸡卵巢摘除结果的初步研究报告。这些鸡发育为成体时，不仅在羽、冠、冠垂和足距上会表现出雄性的第二性征，也会出现与正常公鸡打架的情况，能够发出雄鸡的叫声，还有与母鸡交配的倾向。有一只鸡在摘除卵巢后，其摘除位置上出现一个白色精巢状器官，并与该器官一起产生了一个小卵巢滤泡。鸡的右侧也出现一个精巢状器官。另一只鸡的生殖腺与此例相同。第三只鸡则只在右侧出现一个精巢状器官。以上三个例子都没有报告观察到了生殖细胞或精子。

除非证实了贝努瓦观察到的精子存在的情形，否则尚不能断定这些例子属于严格意义上的性逆转。除上述特殊说法之外，其他结果似乎可以断言，摘除卵巢后出现了一个外形上与精巢相似的组织结构（除了精子）。该器官在卵巢摘除后出现，至少暂时可以用在胚胎时期就存在的原有雄性器官原基的次生性生长和发育解释。我们知道，当将一片精巢移植到雌鸟体内时，该精巢还可以继续发育，甚至形成精子。因此，在雌鸟体内出现一个精巢（即便具备功能），也是比较正常的。

通常，雌鸟的遗传成分（存在于身体细胞和幼龄卵巢内）导致了有利于卵巢发育，但不利于精巢发育的情形。相反，雄鸟的遗传成分，有利于精巢发育，只是早期摘除雄鸟的精巢，并不足以导致卵巢特殊结构的出现。

侧联双生蝾螈的性别

几位胚胎学家通过侧面愈合的办法，将两个幼蝾螈联合为一个整体。从卵膜中取出神经褶刚刚闭合的幼小胚胎，摘除各胚胎一侧的部分组织，然后将两个胚胎的创伤面接合，不久就出现了愈合。伯恩斯（Burns）对这种联合双生的性别进行了研究，发现同对的两个蝾螈总是同一性别。其中有 44 对雄性，36 对雌性。根据随机联合的结果，应该会产生雄性、雌性－雄性、雌性 1∶2∶1 比例。现在出现的结果是同一对中不存在一雌一雄的情况，因此可以知道，要么是该类型的双生胚胎死亡了，要么是在这一对中，其中一只的性别变为另一只的性别。同时，既然成对的雄性和成对的雌性都存在，因此有时是雄方施加影响，有时是雌方传递影响。除非找到某种关于此类交互影响的差异的解释，否则的话，上述结果是不足以证明该解释的可靠性的。

大麻的性逆转

很多显花植物在同一花朵中，或者在同株的不同花朵中，有时会出现含有卵细胞的雌蕊和含有花粉粒的雄蕊。花粉在胚珠之前成熟，或者在其他例子中，胚珠在花粉之前成熟，都是很常见的现象。在其他植物中，一些植株只出现胚珠，另一些植株只出现花粉，即雌雄是分开的，物种是雌雄异株的。但是，在一些雌雄异株的植物中，不同性别的器官也会以未发育的状态出现，这些器官有时也是具备功能的。科伦斯对几例此类不寻常的情况进行了研究，并试图对其生殖细胞的性质进行检验。

普里查德（Pritchard）、沙夫纳（Schaffner）和麦克菲（McPhee）近来研究了雌雄异株大麻 *Cannabis sativa*，证明环境条件可以使产生雌蕊（或者说雌性）的植株变成产生雄蕊甚至具备功能的花粉的植株，也能够将一株含有雄蕊的植物变成产生具备功能的卵子的雌性植株。

在早春的正常时间里播种大麻种子，得到数目大致相同的雄性（雄蕊）和雌性（心皮）两种植株（图 17-8），但沙夫纳发现，如果将种子播种在肥沃的土壤中，并改变光照时间，大麻就会出现两种方向的性逆转。“逆转程度大致与日照长短成反比。”乍一看，同样的环境居然能够使雌株变成雄性，又可以使雄株变成雌性，这让人感到很意外。因为人们能够预计到相同的条件只可能使雌雄两性向中性或中间状态转化，或者使某一性别向另一性别转化。实际上，此类情形似乎也发生过，即雌株上出现了雄蕊。反之，雄株上出现了雌蕊。“性逆转”的发生，大致是就这一意义而言的，虽然存在其他情形：其中雌株的某条新枝只能产生雄蕊，而雄株的一条新枝只能产生雌蕊。在这些极端的例子中，几乎可以认为“性逆转”已经发生在变化了的条件之下发育出来的新部分上。麦克菲对不同光照时间的影响进行了研究。他观察到雄株可以产生带雌蕊的枝条，雌株也可以产生带雄蕊的枝条。但是，他指出与畸态花一起产生的，还有很多性中型花朵。他指出：“在很多例子中，这种变化是很细微的，目前尚不能得出遗传因子与这些物种中的性别全然无关的结论。”

图 17-8　麻类植物的雌性和雄性

注：左图显示的是雌株大麻，右图显示的是雄株大麻（根据普里查德的研究）。

目前，还不能解决大麻是否存在内在的性别决定因子体系（或染色体体系）这一问题。同时，就目前来说，只有麦克斯发表了关于遗传学证据方面的口头报告[1]，不过，该报告很重要。如果大麻的正常雌株是同型配子（XX），正常雄株是异型配子，那么当雌株逆转为雄株（准确地说，是产生具备功能的花粉）时，所有的花粉粒在性别决定功能上是一样的，即这种雄性是同型配子。麦克菲的口头报告支持该观点。相反，如果雄株（XY）逆转为雌性，预计可以得到两种卵子。这似乎也实现了。

科伦斯早就报告过在其他植物中发现了略为相似的情况，但是关于配子种类的资料不能让人满意，希望能够尽快找到相关证据。但是，即便假设大麻存在性别决定的内在机制（可能属于 XX-XY 型），从性别能够根据外部因素发生逆转这一情况中，我们也看不出任何具有革命性的

[1] 在 1925 年的动物学会会议上。

观点，至少在这些结果中，原则上确实不存在与决定性别的染色体机制相矛盾的内容。这一机制是使平衡在某一特定环境条件下倾向于某一方面的一个因素。染色体机制的意义就在于此，此外不能得出任何其他解释。这一机制能够被那些可以改变平衡但又可以保持在正常工作条件恢复时具备正常功能的外部因素支配。如果在上述正常雄性属于异型配子的物种中，证实了同型配子的雌性逆转为同型配子的雄性这一适用性结论，那么，在该关系中就不能找到比这更好的例子了。实际上，这为性别决定的遗传学观点提供了另一个可信的证据，对于那些不了解遗传学者关于染色体机制以及一般孟德尔式现象的解释的人，这也是一个具有特殊教育意义的例证。

还有一种雌雄异株的山靛属植物 *Mercurialis annua*，其雄株上有时会出现雌花。一株雄性植株上能够出现 25 000 朵雄花，却只存在 1 ～ 47 朵雌花，而雌株上又可以有 1 ～ 32 朵雄花。

扬波利斯基（Yampolsky）报告了这种植物自交之后的子代性别情况。雌株自交的子代都是雌性，或主要是雌性。雄株自交的子代都是雄性，或主要是雄性。

除非做一些比较武断的假设，否则目前很难通过 XY 公式很好地解释这些结果。如果雌株是 XX 型，那么其产生的全部花粉粒都应该含有一条 X 染色体，因此，其所有子代应该都是雌性，实际情况也是如此。但是，如果雄株是 XY 型，那么半数成熟卵子应该含有 X 染色体，另一半应该含有 Y 染色体。花粉的情况与之相同。自交产生的子代染色体群公式为 1XX+2XY+1YY。如果 YY 死亡，其子代应该保持 1 雌 2 雄的比例。可是，实际结果与这一预计结果不相符。要使自交的雄株只产生雄性，必须假设 X 卵子在配子时期死亡，只有 Y 卵子具备功能。截至目前，既不存在支持该假设的证据，也不存在批驳这一观点的证据。在此类证据出现之前，这是一个必须要解决的问题。

第十八章
基因的稳定性

以上谈到的，都带有基因是遗传中的一个稳定的要素的意味。至于基因的稳定性究竟是属于化学分子的那种稳定，还是只是在一个固定标准附近定量地变化，却是理论上或根本上的一个重要问题。

既然我们无法借助物理方法或化学方法直接对基因展开研究，我们关于基因稳定性的结论，就只能依据其影响进行推导。

孟德尔遗传理论假定基因是稳定的。它假设各亲体赋予杂交种的基因，在杂交种的新环境中依然是完整的。现在我们通过一些例子来回顾一下这一结论的证据的性质。

Andalusian 鸡具有白色、黑色和蓝色三种个体。白鸡与黑鸡交配，得到蓝色鸡。两只蓝色鸡交配，其子代为黑色、蓝色和白色三种，三者具有1∶2∶1的比例关系。蓝色鸡之中，白色基因与黑色基因相分离。一半的成熟生殖细胞得到黑色要素，另一半得到白色要素。任一卵子与任一精子随机受精，经观察，白鸡与黑鸡的孙代中，黑色、蓝色、白色比例关系是1∶2∶1。

可以通过如下测验，来验证杂交种内具有两种生殖细胞的假设是否正确。如果蓝色杂交种回交纯种白鸡，其子代有半数是蓝色鸡，另一半是白色鸡。如果蓝色杂交种回交纯种黑鸡，其子代半数是黑鸡，另一半是蓝色鸡。两次结果都与如下假设相符，即蓝色杂交种的基因是纯净的，一半是黑色基因，另一半是白色基因。二者在一个细胞中，但没有相互影响。

前例中，杂交种与两个亲代不同，从某种意义上说，它属于两个亲代之间的中间型。在第二个例子中，杂交种与一个亲型没有差异。黑豚鼠和白豚鼠交配，其子代都是黑色的。当子代自交时，其孙代的黑白比例为3∶1。孙代白豚鼠与最初的白豚鼠一样，又繁殖出白豚鼠。白色基因虽然与黑色基因在杂交种体内同时存在，却没有受到影响。

还有一个例子，两个亲代很相近，虽然杂交种呈现出某种中间型，但是变化很明显，导致变化的两端分别与两个亲型相重合。在这一类型中，只有一对基因存在差异。

黑檀色果蝇与炱黑色果蝇交配，其子代如上文提到的那样，表现为中间色，并且变化很大。其子代自交，孙代的体色由淡至深，形成一个连续的系列。但是，也有一些办法可以对这些深浅不一的颜色进行检测。检测结果显示，孙代颜色系列是由黑檀色纯种、杂交种和炱黑色纯种组成的，三者具有1∶2∶1的比例关系。由此，我们证明了基因不会混杂的结论。颜色深浅的连续系列只是性状变异性相互掩盖的结果。

上述例子只涉及一对不同的基因，因此显得简单明了。这些例子有助于确立基因的稳定性原则。

然而，实际上，现实情况要复杂得多。很多类型在几个基因上存在差异，每个基因都对同一种性状产生影响。所以，无法从它们的杂交例证中得出简单的比例关系。长穗玉米与短穗玉米进行杂交，子代杂交种的穗轴长短适中。子代自交，孙代出现长短不一的穗轴。有的像最初的短穗族那样短，有的像最初的长穗族那样长。二者属于极端情况。在二者之间存在一系列的中间长度。检验孙代个体，表明有几对基因影响穗轴的长短。

还有一个关于人的体长的例子。人的体长可能是因为腿长，也可能是因为躯干长，或者两者都长。有的基因可以影响所有部分，有的基因则对某一部分产生更大的影响，结果导致遗传情况复杂。这一问题至今没有得到解决。另外，环境对最终结果也可能存在某种程度的影响。

这些都是多对因子的例子，遗传学者试图弄清楚每个杂交中究竟存在多少因子，结果之所以变得复杂，只是因为所涉及的是几个基因或很多个基因。

在孟德尔的研究被发现之前的一段时期内，这类变异性为自然选择理论提供了依据，我们以后再探讨这一问题。先来看看因为1909年约翰森（Johannsen）卓有成效的研究，我们在认识选择理论中的一些限制上取得的巨大进展。

约翰森的实验采用的是一种园艺植物公主菜豆。这种菜豆完全借助自花授粉繁殖。长期连续自交的结果就是每个植株都变成了纯合子，即每对的两个基因都相同。所以，这类素材适合于进行精确的实验，进而确定菜豆的个体差异是否受到选择的影响。如果选择会改变个体的性状，那么在这一情况下，选择必须先改变基因本身才可以。

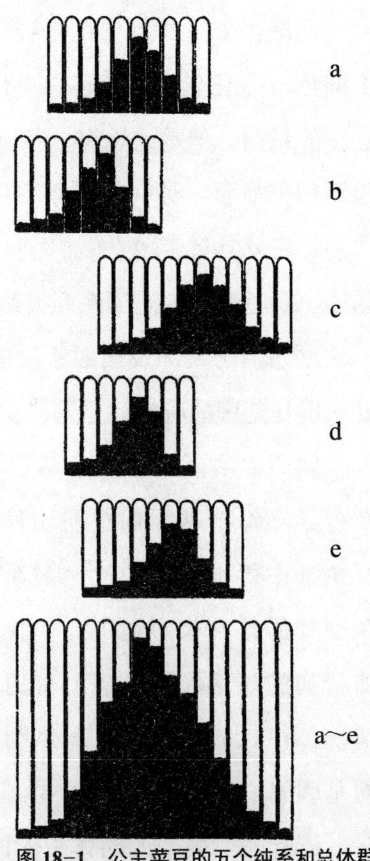

图 18-1　公主菜豆的五个纯系和总体群

注：a、b、c、d、e代表公主菜豆的五个纯系，最下方的a~e群将五个纯系拼合在一起（根据约翰森的研究）。

当每一植株的豆粒大小都存在些微差异，并且按照豆粒的大小进行排列时，将得到正态概率曲线。不管从各世代中连续选出的是大豆粒还是小豆粒，任一植株及其所有后代，在豆粒大小上都表现出同样的分布曲线（图18-1），其后代总是得到同样的一群豆粒。

通过对素材进行检查，他共发现了九族菜豆。他认为其研究成果足以证明某一植株之所以产生大小不同的豆粒，是由于最广义的环境引起的。只要在选择开始时选用每对有两个相同基因的素材，就有可能证实这一观点。这说明选择对基因本身的改变不会产生影响。

如果一开始选择的有性繁殖的动物或植物不是纯合的，那么直接结果就会不同。这一点在很多实验中都得到了证明，如屈埃诺（Cuènot）的斑毛鼠实验、麦克道尔（McDowell）的家兔耳长实验以及伊斯特和海（Hay）的玉米实验。这些实验都可以作为在选择下所发生的变化的例证。这里只就其中一个例子进行阐述。

卡斯尔（Castle）研究了上述观点对一族披巾鼠毛色的影响。（图 18–2）他最初用商品披巾鼠的子代进行实验，一端选择条纹最宽的披巾鼠，另一端选择条纹最窄的披巾鼠，并将两个系列分隔开。经过几个世代之后，这两群披巾鼠表现出一定的差异：一群的背条比原来的一群宽，另一群的背条比原来的一群窄。选择作用已经以某种方式改变了条纹的宽度。截至目前，这些实验结果还不能证明这一变化不是选择将决定背条宽度的两组因子分隔开导致的。

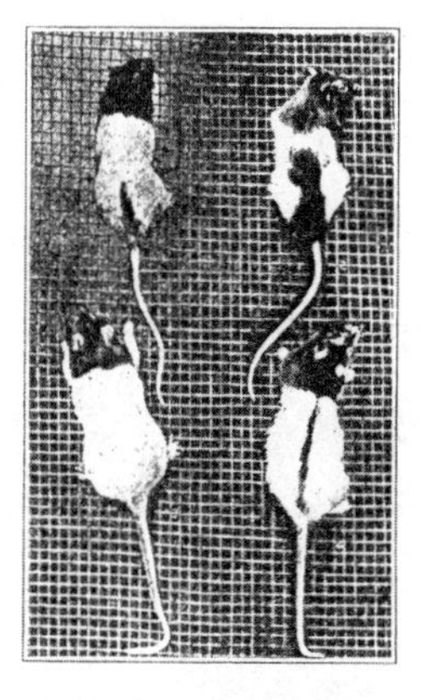

图 18–2　披巾鼠的类型

注：四种类型的披巾鼠（根据卡斯尔的研究）。

但是，卡斯尔指出，他研究的是某个基因的影响，因为披巾鼠与全黑色鼠（或全褐色鼠）杂交，子代杂交种再进行自交时，孙代就可以得到全黑色（或全褐色）鼠和披巾鼠两种类型，二者具有 3∶1 的比例关系。这种孟德尔式比例确实证明了毛上的有色条纹来自一个隐性基因，但未能证明这个基因的作用并非不可能受到与决定背条宽度相关的其他遗传因子的影响，这是真正存在争议的地方。

之后，卡斯尔还进行了一个由赖特（Wright）设计的实验，从事实上证明了这些结果是由条纹宽度的修饰基因被分隔开导致的。检验方法如下：经过精选之后的各族，回交野鼠（全身黑色或褐色），得到第二代条纹鼠；再用第二代条纹鼠回交野鼠。经过两三代回交之后，发现被选择的一群，似乎又回到了最初的样子。选择出的窄条纹一族向宽条纹变化，选择出的宽条纹一族则向窄条纹变化。也就是说，精选的两族越来越接近，越来越与其最初的那一族接近。

这一实验结果完全符合如下观点，即野鼠有影响条纹鼠条纹宽度的修饰基因。也就是说，原来的选择作用，将条纹变宽基因与变窄基因分隔开，进而改变了条纹的属性。

卡斯尔甚至一度声称：披巾鼠实验的结果重建了他所谓的达尔文的观点，认为选择作用本身使得遗传物质沿着选择的方向发生变化。如果这是达尔文的真实意思，那么这种对变异的理解似乎能够大大地巩固进化借助自然选择而进行的理论。1915 年，卡斯尔指出："我们现在拥有的所有证据，都表明外界的修饰因子不能解释在披巾鼠实验中观察到的这些变化，披巾鼠式样本身就是一个明确的孟德尔单元。我们不得不做出如下结论：单元本身在反复选择下，朝着选择的方向变化。有时就像我们的'突变'族那样突然出现变异，突变族本身是一个高度稳定的正变异，但更多的是逐渐发生变化，就像在正、负两个选择系列中不断发生的那样。"

第二年，他说道："目前，很多遗传学者认为单元性状是不可以发生改变的……几年来，我研究过这个问题，在这一点上得出一个总的结论，即单元性状可以发生改变，也可以重新组合。很多孟德尔学派的学者持有另一种观点，但我相信，这是因为他们对这个问题的研究还不够精准。单元性状出现定量的变异这一事实是正确无疑的……选择作为进化过程中的一个动力，必须恢复其在达尔文料想中的那种重要性，它是一个能够产生连续进步的种族变化的动力。"

然而，达尔文是否认为选择决定或影响了未来变异的方向呢？仔细研读达尔文的论著，除非引用达尔文关于获得性遗传的另一理论，否则并没有任何文字表述能够体现出达尔文持有这一观点。

达尔文坚决崇奉拉马克学说。只要自然选择理论遇到困难，他就会毫不犹豫地运用这一学说。因此，只要愿意，任何人都可以从逻辑上指出（虽然达尔文本人没有将两种学说混为一谈，卡斯尔也没有这样做），当一个有利的类型被选择时，其生殖细胞就像受到了自身产生的泛子的影响，并且能够预料到其将按照被选择的那种性状的方向发生变化。因此，每一个新的进展，必将建立在一个新的基础之上。如果围绕这个新的中数（作为一个突破之前限度的中数）出现了彷徨变异，那么在之前的发展方向上，预计会出现进一步的发展。也就是说，自然选择必将按照每次选择的方向发展。

虽然人们可以认为每当达尔文看到自然选择不足以解释事物时，只好援引拉克马学说来为新的进展提供支持，但正如我之前谈到的，达尔文从来没有运用这一论点来支撑自己的选择理论。

不管是自然的还是人工的选择，今天我们都把选择作用看作至多只在原有基因组合能够影响变化的范围内引起变化，或者说选择作用并不能使一群（一个）物种超过那一群原有的极端变异。严格选择可以使一群物种达到其所有个体都接近原群表现的极端类型。超越了这一点，选择就不能发挥作用了。目前看来，只有依赖一个基因内部发生的新的突变，或者依赖一群旧基因内部的集体变化，才有可能导致进一步或退一步永久进化。

这一结论不仅是从基因稳定性理论得来的逻辑推理，也是建立在很多观察基础之上的，这些观察表明当一群生物受到选择时，它们开始变化很快，随后很快就缓慢下来，不久就停止了变化，并与原群中的少数个体所表现出的某种极端类型相同或相近。

以上只是就杂交种内部的基因沾染以及从选择的观点出发考虑基因的稳定性问题。关于躯体本身可能影响基因组成这一点，只是略微涉及。如果基因受到杂交种躯体性状的影响，那么作为孟德尔第一定律基本假设的杂交种体内基因的精确分离，就一定是不可能的了。

这一结论使我们直面拉马克的获得性遗传理论。我们不准备审视拉马克理论的各种观点，只是想请大家容许我提出需要注意的某些关系。这些关系是在该学说所假设的躯体影响生殖细胞，即一种性状的一个改变能够引起特定基因内部的相应改变的情况下，想要得到的那些关系。我们可以用几个例子来说明其中的主要事实。

黑家兔与白家兔交配，杂交种为黑色，但杂交种的生殖细胞却分为黑色和白色两种，各占一半。杂交种的黑毛不能影响白生殖细胞。不管白色基因在黑色杂交种体内停留多长时间，白色基因总是白色基因。

如果把白色基因看作某种实体，那么假设拉马克理论可以成立，就应该呈现出该基因所寄居的个体躯体性状的一些影响。

可是，如果将白色基因看作黑色基因的缺失，自然就谈不到杂交种的黑毛可以影响到一个并不存在的事物了。对任何信奉存在－缺失理论的人来说，用这一观点来反驳拉马克理论是不够充分的。

但是，从另一个角度看也许更合适。白花紫茉莉与红花紫茉莉杂交，产生了开粉色花的中间型杂交种。（图 1-5）如果将白色看作某个基因的缺失，那么红色一定起源于某个基因的存在。杂交种的粉色花比红色花颜色淡，如果性状影响基因，那么杂交种体内的红花基因应该被粉色冲淡。这种影响在本例及其他材料中都没有报告。红花基因与白花基因在粉色杂交种内分隔开，没有出现任何躯体影响。

在反驳获得性遗传理论上，另一证据可能更有力。有一种不规则腹缟果蝇，其腹部原本整齐的黑缟或多或少地消失了一部分。（图 18-3）从食物丰富、潮湿并带酸性的培养基中最初孵化的果蝇，其腹部黑缟消失得最多。之后，培养基时间越长越干，此时孵出的果蝇就越来越表现出正常的形状，直至最终与野生型果蝇不存在差异。我们在这里遇到了一个对环境影响非常敏感的遗传性状。这一类性状为研究躯体对生殖细胞可能存在的影响，提供了有利机会。

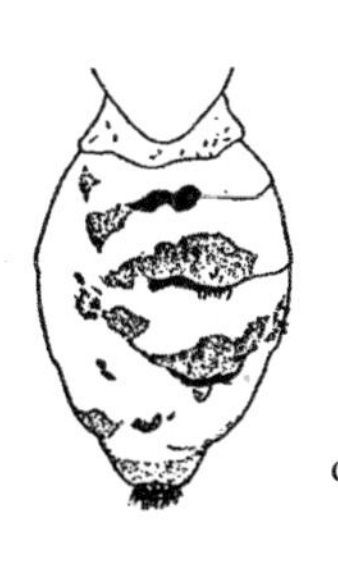

图 18-3　果蝇腹部的正常型和突变型

注:a 为正常雄蝇的腹部，b 为不规则腹缟雄蝇的腹部，c 为正常雌蝇的腹部，d 为不规则腹缟雌蝇的腹部。

最早孵化出的腹缟高度不整齐的果蝇和较晚孵化出的正常腹缟的果蝇，在相同条件下分别繁育，二者的子代完全相同。最早孵化出的果蝇腹缟不整齐，之后孵化出的果蝇比较正常。对生殖细胞而言，亲代的腹缟是否正常并没有差别。

如果说可能是因为影响太小，以至于在子代中观察不到影响，那么补充一句，在较晚孵化出的果蝇连续繁殖了十代之后，仍然看不出存在任何差异。

还有一个确实可信的例证。有一种无眼突变型果蝇。（图 4-2）它们的眼要比正常眼小，并且变化很大。经过选择，得到一个纯粹的原种，其中大多数果蝇无眼，但是，当培养时间越来越长，有眼果蝇的数量就会越来越多，眼睛也越来越大。如果让这些后孵化出的果蝇繁殖，其子代与无眼果蝇的子代相同。

在不规则腹缟果蝇的例子中，较晚孵化出的幼虫，其对称和色素的形成都不是一个明显的存在性状。较晚孵化出的果蝇，其眼的存在是一种正常的性状，这一例子可能被认为比不规则腹缟果蝇的例子更合适，但二者的结果是相同的。

近年来，有很多人自以为拿出了获得性遗传的证据，我们没有必要逐一进行验证。我只选出一个有结论所依据的数据和定量的资料，因而也是最完备的例子，即迪尔肯（Dürken）最近的研究。他的实验应该是仔细推进的，并且对迪尔肯来说，这个实验提供了一个关于获得性遗传的证据。

迪尔肯用甘蓝粉蝶的幼虫进行研究。1890 年以来，就已确知有些蝶类的幼虫化为蛹（即从幼虫变为静态的蛹）时，蛹的颜色会受到背景的一定影响，或者说受到照射光线颜色的一定影响。

例如，如果粉蝶幼虫在白天甚至在弱光下生活、转化，那么其蛹的颜色就会较黑。如果在黄色和红色环境中，或者在黄色和红色的帘后生活、转化，那么其蛹的颜色就会呈绿色。之所以呈绿色，是因为表层黑色素缺失导致内部的绿黄色透过表皮呈现出来。（图 18-4）

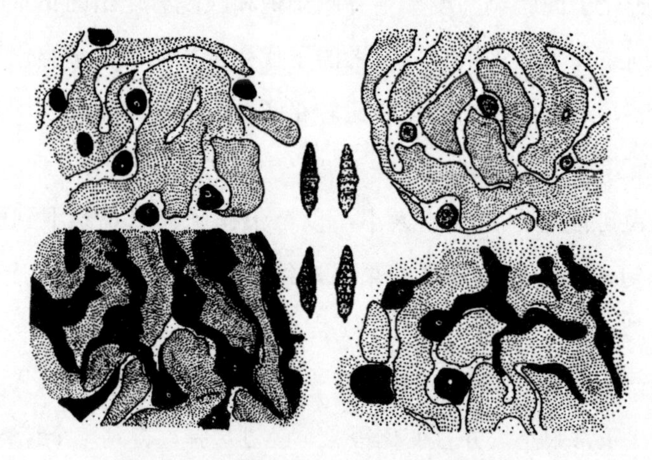

图 18-4　粉蝶蛹不同颜色类型的色素细胞分布

注：图中部显示的是粉蝶四种颜色的蛹。四周表示在不同颜色的类型中，表皮内色素细胞的特殊排列形式。

迪尔肯的实验是在橙色（或红色）光下饲养幼虫，因此得到了浅色或绿色的蛹。将这些蛹转化而成的蝶放置在野外的笼内饲养，并收集它们的卵子。再将这些从卵子中孵化出的幼虫，有的放在有色光下饲养，有的放在强光或黑暗中饲养。后者作为对照组。实验结果的摘要见图 18-5，图中用黑色长实体表示黑色幼虫的数目，用浅色实体表示绿色或浅色幼虫的数目。实际上，蛹可以分成五个有色群，其中三个合并为黑色群，另外两个群合并为浅色群。

正如图 18-5-1（代表正常颜色）所表示的，几乎所有随机收集的或在自然环境下收集的蛹都是黑色的，只有少数是浅色或绿色的。将它们产生的幼虫放在橙光环境中饲养。幼虫转化为蛹，其中浅色类型的百分比很高，见图 18-5-2。如果选出浅色类型饲养，有的放在橙光下，有的放在白光下，其余放在黑暗中，结果如图 18-5-3a、b 所示。图 18-5-3a 中的浅色蛹比上一代多，因为在橙光下连续繁殖两代，其影响得以强化。但图 18-5-3b 这一组更重要。如图 18-5-1 所示，在白光或黑暗中饲养的幼虫与在野生型中相比出现了更多的浅色蛹。迪尔肯认为，浅色蛹的增加，一部分在于橙光对上一代的遗传影响，一部分在于新环境的相反方向的影响。

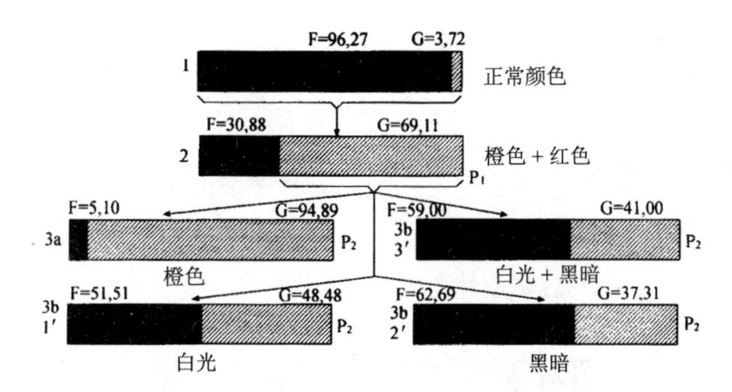

图 18-5　在不同颜色的光照下，菜蝶中黑色蛹和浅色蛹所占的百分比

从遗传学角度看，这种解释并不能够让人满意。首先，该实验表明并不是所有幼虫都对橙光有反应。如果有反应的幼虫具有不同的遗传性，那么当选择它们——实验中的浅色蛹——进行橙光实验，而将对照组放置在白光和黑暗中进行实验时，我们已经在运用一个反应较强的类型，一群经过选择的类型，并且预计它们的下一代将会再次产生反应，而事实也是这样。

所以，除非一开始就采用遗传上同质的素材，或者是运用其他对照实验，否则该证据并不能证明环境的遗传影响。

几乎所有此类研究，都犯了同样的错误。即使现代遗传学不能拿出更多成果，但只是就指出此类证据毫无价值而言，也可以证明现代遗传学是正确的。

现在我们来看另一些例子，其中有的可能是生殖细胞在经过特殊处理之后受到了直接损害，同时受损害的生殖物质又遗传给以后各代。由于出现了这一损害，随后各代中都可能会出现畸形。这意味着这些特殊处理并没有通过首先对胚胎造成缺陷来影响生殖物质，而是同时影响了胚胎及其生殖细胞。

关于酒精对豚鼠的影响，斯托卡德（Stockard）做了一系列实验。他把豚鼠放置在有酒精的密闭箱中。豚鼠呼吸饱含酒精的空气，几小时之后就完全失去知觉。这个实验进行了很长时间。有的豚鼠在实验中交配，有的在实验结束后交配，二者的结果基本相同。很多胎儿要么流产，要么被吸收，有的胎儿一出生就死亡了，还有一些出现畸形，尤其是神经系统和眼睛的畸形。（图 18-6）只有不存在缺陷的豚鼠才可以交配。在它们的子代中，畸形幼龄豚鼠与表面上看起来正常的个体接连出现。在以后的世代中，畸形豚鼠依然会出现，但只能从一定个体中产生。

图 18-6　受酒精中毒的祖代影响的豚鼠

注：图示酒精中毒的祖代产生两只不正常的幼龄豚鼠（根据斯托卡德的研究）。

对经过酒精处理的谱系进行检查，看不出实验结果符合任何已知的孟德尔式比例的证据。其次，畸形豚鼠呈现出的各部位上的效果，也与单个基因发生改变时表现得不一样。另外，这些缺陷与我们在实验胚胎学中了解到的受到毒物处理后的卵子发育异常很相像。斯托卡德唤起了人们对这些关系的注意，并认为其实验结果表明酒精使生殖细胞出现某种损害，与遗传机制中某一部分的损害存在关联。影响之所以局限于某些部分，只是因为这些部分对任何脱离正常发育轨道的变化最具敏感性。这些部分以神经系统和感觉器官最为常见。

近来，关于激光对妊娠鼷鼠和大鼠的影响，利特尔（Little）和巴格（Bagg）进行了一系列实验。经过适当处理，子宫内的胎儿可能出现畸形发育。产前检查发现，脑脊髓或其他器官（尤其是四肢原基）存在出血区域。（图 18–7）这些胚胎有的在产前就已经死亡，并且被吸收了。有的遭遇流产。有的能够活着出生，其中一部分可以存活并繁殖。它们的后代通常会出现脑或四肢上的缺陷。可能是一只眼或两只眼存在缺陷，也可能没有眼睛或只有一只很小的眼睛。巴格让这些鼷鼠交配，在它们产生的许多畸形子代个体中，发现了与原来胚胎身上直接引起的缺陷大体类似的缺陷。

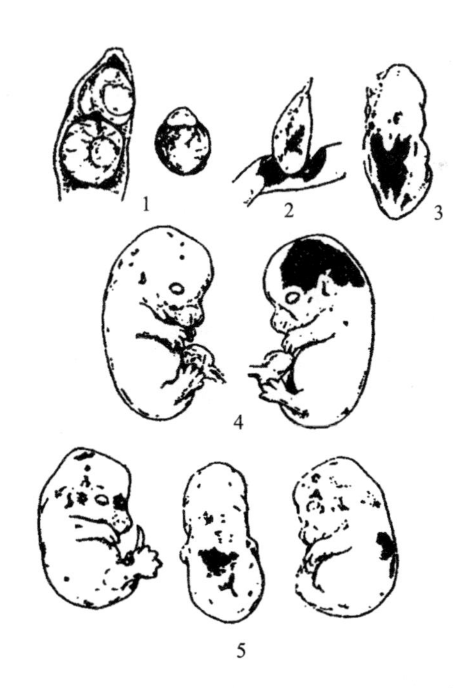

图 18–7　母鼠遭激光照射后，幼鼠的出血区域

我们应该怎样解释这些实验呢？是不是因为激光首先影响到正在发育中的胚胎的脑髓，导致缺陷产生，然后由于脑髓的这些缺陷，同一胚胎的生殖细胞才最终受到影响？很显然，这一解释是不成立的。如果只是脑髓受到影响，那么下一代预计会出现脑部的缺陷。如果眼睛是受到影响的主要器官，那么下一代应该只是出现眼部的缺陷。然而在全部报告中，都没有出现此类情况。畸形脑和正常眼的鼷鼠可以产生有缺陷眼的子代。也就是说，这里不存在特定影响，只存在一般影响。

还有一种解释认为，在子宫内时，胚胎的生殖细胞受到激光的影响。当这些生殖细胞发育成新世代的个体时，这些个体也有缺陷。这是因为最容易在正常发育上受到干扰的器官，就是最容易被发育过程中的任何改变干扰的器官。总之，它们处于最脆弱或者平衡最微妙的发育阶段，因此首先呈现出任何脱离正常轨道的影响。我想，这就是对当前这些实验和其他类似实验的最合理的解释了。

第十九章
结　论

上述各章讨论了两个主题：染色体数目变化产生的影响和染色体内部变化（基点突变）产生的影响。基因论虽然偏重基因本身，但也比较广泛地涉及了上述两种变化。习惯上，“突变”一词已经用来囊括这两种方法产生的影响了。

这两种变化与当前的遗传学理论之间存在着重大关联。

染色体数目变化和基因变化产生的影响

当染色体数目增加 2 倍、3 倍或其他倍数时，个体的所有基因都和以前一样，并且各基因之间还保持着相同的比例关系。如果胞质体积不随着基因数目增加而增大的话，那么就不能先验地期望该基因数目的变化会影响个体性状。目前尚不清楚胞质不能相应增大的真正意义。总之，实验结果表明在任何性状（除体积外）上，三倍体、四倍体、八倍体等类型与原来的二倍体之间并不存在明显差异。换句话说，出现的变化可能很多，但与原来的变化相比，却没有显著差异。

另一方面，如果原来的一群染色体中增加了一两条同对的染色体，或增加了两条以上的异对的染色体，或减少了一条染色体，那么就可以预计这些变化会在个体身上产生比较明显的影响。有的证据表明，在原有染色体很多，或者发生变化的是一条小染色体的情况下，这种增减表现得并不剧烈。从基因的角度看，这种结果是可以预见的。例如，增加一条染色体，就意味着很多基因增加到3倍。从某类基因比以前增加的角度看，基因间的平衡发生了变化，但是因为没有增加新基因，预计这种变化的影响会体现在很多性状上，表现为很多性状的强度提高或降低。这与现在已知的所有事实都吻合。但是，值得注意的是，就我们目前已经知道的来说，一般的结果都是有害的、不利的。如果像按照正常个体的长期进化历程所预计的那样，正常个体对内在关系和外在关系的适应可以尽可能地完善，那么这一点就是意料之中的。

此类变化对很多部分都会产生细微影响，但还不能就此得出结论，认为此类影响比单个基因变化引起的变化更容易导致出现一个存活的新型。

其次，虽然两条同类染色体的增加可能产生一个稳定的新遗传类型，但这并不能产生显著的意义，因为就我们已经知道的来说（目前相关证明还不多），这种适应反而比之前更糟糕。因为，这些理由虽然不是绝无可能，但用这个方法将一个染色体群变为另一个染色体群，似乎也不是可以轻易做到的。目前，我们需要更多的证据来解决这个问题。

在一群染色体中，有时会增加或减少某一染色体上的某些部分。在这种情况下，上述理论的解释虽然有些不足，但同样适用。这种变化的影响与前例性质相同，只是程度上略小，因此更不容易确定它们对生存能力的最终影响是好还是坏。

近年来，遗传学研究已经阐释清楚亲缘关系较近的物种之间，甚至在一科或一目之内，虽然存在着相同数目的染色体，但也不能因此草率地假设，甚至在亲缘关系较近的物种之间，染色体上携带的基因一定相同。遗传学证据证明，通过颠倒染色体内部或染色体群上基因的位置，以及不同染色体之间或某段基因之间的易位，染色体是可以重新组合的，并且在体积上也不会产生明显差异。甚至在整条染色体之间，也可以存在各种重新组合的形式，而并不改变原来的数目。此类改变必将深刻地影响连锁关系，进而深刻地影响各种性状的遗传方式，但基因的种类和总数并不发生变化。因此，除非细胞学观察通过遗传学研究得到证实，否则不能轻易假设染色体数目相同，则基因群也完全相同。

染色体的数目可以通过两种办法改变：一是两条染色体联合成一条，如果蝇的附着 X 染色体；二是染色体断裂，如汉斯对待宵草的研究和其他若干例子所表现出的那样。塞勒描述的蛾类的某些染色体暂时的分离和接合，尤其是他假设分离后的要素有时可以重新接合，也属于此类。

乍一看，与大量基因产生的影响相比，一个基因内部的一个变化产生的影响显得更剧烈。但是这个最初印象可能是错误的。遗传学者所研究的很多明显的突变性状，与同对的正常性状相比，自然显得差异明显，但是这些突变性状之所以经常被当作研究素材，正是因为它们与典型性状差异明显，所以可以更容易地在以后的各世代中察觉其踪迹。它们可以被准确地辨别出来，并且与差异细微或互相重叠的同对性状相比，其结果更可靠。其次，这种变化越奇特越剧烈，甚至有时显得像是“畸形”，就越容易引起人们的关注和兴趣，因此也就越容易作为研究遗传问题的对象，而那些不明显的变化就被人们忽视或放弃了。遗传学者都了解如下事实，即对于任何一群的特殊性状，研究得越深入，那么开始时被忽视的突变性状就会被发现得越多。既然这些性状与正常性状非常近似，那么突变过程既涉及明显的变化，也涉及较小的变化，也就越清晰了。

以前的文献把剧烈的畸形称为“怪异”。很长时间以来，这种怪异与所有物种中经常存在的细微差异或个体差异，即常说的变异，可以明显地被区别开。现在我们已经知道，这种明显的对比并不存在，怪异和变异可以具有相同的起源，并且按照相同的规律遗传。

很多微小的个体差异，确实是由发育时的环境条件导致的，并且浅显的观察通常不能将其与遗传因子导致的细微变化区分开。现代遗传学的最重要成就之一，就是承认这一事实，并创制一些方法来指出细微差异究竟源于哪种因素。如果像达尔文假设的那样，如果像现在通常承认的那样，进化过程借助细微变异的积累缓慢进行，那么受到利用的就一定是遗传上的变异，因为能够进行遗传的也只是这些变异，而不是起源于环境影响的那些变异。

但是，不应按照前面所讲的，设想躯体上某个特定部位的突变只产生一个明显的变化，或只产生一个微小的变化。相反，通过研究果蝇得出的证据，与精确地研究其他所有生物得到的证据一样，都表明甚至在一个部分发生最大变化的情况下，躯体的若干或所有部分也经常会产生其他影响。如果根据这些突变体的活动、孕育性和生命长短来判断，那么这些副作用不仅涉及结构上的变化，也涉及生理上的影响。如果蝇类总是倾向于飞向光源，当常规体色发生细微变化时，向光性也会随之消失。

相反的关系也是存在的。一个影响生理过程和生理活动的突变基因的细微变化通常附带外部结构性状上的变化。如果这些生理变化能够使个体更好地适应环境，那么这些变化就有继续存在的可能，有时还有促使某些新型存活下去的机会出现。在恒定并且细微的表面性状上，新型与原型之间有些差异。既然很多物种间的差异似乎都可以归为此类，那么我们就可以合理地认为它们之所以会产生恒定性，不是由于其本身的生存价值，而是由于它们与其他内部性状之间的关系，这些内部性状对于这一物种的安全是很重要的。

按照前面提到的，我们可以合理地解释整条染色体（或某条染色体的某个部分）引起的突变与单个基因引起的突变之间的差异。前一种变化并没有增加本质上的新东西。它只涉及或多或少已经存在的东西，并且虽然影响程度较小，但可以影响很多性状。后一种变化——单个基因的突变——也能够产生广泛并且细微的影响。不过除了这些，躯体的某一部分还会出现较大的变化，同时另一部分会出现较小的变化，这种情形常常出现。正如我提到过的，后一种变化被广泛地加以利用，为遗传学研究提供了很多好素材。正是这些突变，现在占据了遗传学刊物的最前页，并且导致了人们有一种错觉，即认为每一种突变性状都只是一个基因的影响，进而引申为另一个更严重的谬论，即认为生殖物质内的每一种单位性状都有一个单独的代表。相反，胚胎学研究证明，躯体上的每一个器官，都是一个最终的结果，是一个长串过程的终点。一个变化如果影响到这一过程中的任何一个阶段，那么它通常会影响到最终结果。我们所观察到的，正是这个最显著的最终结果，而不是影响得以产生的那一点。如果我们可以轻松地假设一个器官的发育涉及很多步骤，并且如果其中每一步都受到很多基因的影响，那么不管该器官多么细小或微不足道，在种质中都是没有它的单个代表的。举一个极端的例子，假设所有基因都会对躯体的每一个器官产生影响，这只意味着它们都能产生正常发育过程中所必需的化学物质。这样，如果其中一个基因发生了变化，并产生了与之前不同的物质，那么其最终结果也会受到影响；如果这一变化对某一器官的影响非常大，那么这个基因似乎可以单独产生影响。在严格的因果意义上，这没有问题，但这种影响只在与其他所有基因的联合作用下才会出现。也就是说，所有基因还是与从前一样，都对最终结果做出了贡献，只是由于其中一个基因的变化，才导致了最终结果的变异。

从这一意义上讲，每个基因对一个特定的器官，都可以发挥特定的影响。但是，这个基因绝不是那个器官的唯一代表，它对别的器官，甚至躯体上所有的器官或性状，都会产生同样的特定影响。

现在我们回到比较中来，一个基因（如果是隐性的，自然涉及一对相同基因）内部的变化，往往能比现有基因数量的变化两三倍所产生的内部影响更大。因为比起数量上的改变，一个基因的内部变化更有可能破坏所有基因的原有联系。这一观点的引申，似乎意味着每个基因对发育过程各有一种特定影响，这与前面认为所有或很多基因的接合作用最终产生确定且复杂的最终结果的观点并不矛盾。

目前，支撑各基因特定影响的最好例证，是很多个多等位基因的存在。同一基因点内部的变化主要影响到同一物种的最终结果，这一最终结果不只局限于某一器官内部，还包括所有受到明显影响的部分。

突变过程是否能归因于基因退化?

德弗里斯在其突变理论中，谈到我们今天称作隐性突变型的那些类型，认为其起源于某些基因的缺失或僵化。他将此类变化看作退化。同时或稍后，认为隐性性状起源于生殖物质内某些基因的缺失的观点广为流行。目前，有几位原来热衷于围绕进化展开哲学探讨的批评家，对遗传学者所研究的突变型与传统进化论之间存在某种关系的观点进行了猛烈的批判。我们暂且不说后一种主张，可以在以后解决这一争论。认为单个基因上出现的突变过程局限于基因的缺失或部分缺失，或退化（姑且这样称呼这种变化），这一观点在理论上是比较重要的。正如贝特森在1914年的演讲中所精确阐释的那样，该观点在逻辑上可以引申为另一观点，即我们研究遗传时用到的材料来自一些基因的缺失，而这些缺失实际上就是野生型基因的等位基因。并且就这一证据在进化上的应用而言，还会引申为另一个谬论，即这一过程是对原有基因库的一种经常性消耗。

有关这一问题的遗传学证据已经在第六章中进行了讨论，这里不再赘述。但是，我要重申的是，如果根据很多突变性状都是缺失或者是部分或全部缺失这一事实，就草率地断言它们一定是由生殖物质内部有关基因的缺失导致的，是没有理由的。我们姑且不讨论缺失假说的武断，仅就关于该问题的直接证据而言，正如我已经试图证明的，都不支持这一观点。

但是，还有一个让人很感兴趣的问题，就是那些引起突变性状（不管是隐性、中间型还是显性）的基因上的一些变化或很多变化，是不是因为一个基因的分裂，或者因为它改造为另一种要素，会进而产生不太一样的影响？除非先验地假设一个高度复杂的化合物的破坏比其组成更具可能性，否则没有理由假设这一变化——如果发生的话——是不断退化的变化，而不是另一个比较复杂的基因的产生。在我们更多地了解基因的化学成分之前，要验证两种观点的正误是十分困难的。对遗传论而言，只要假设任何变化都足以作为观察到的事实的基础就可以了。

要在目前条件下讨论新基因究竟是不是在旧基因之外独立发生的，同样是徒劳的，如果还要讨论基因究竟是如何独立产生的，就更加枉费心力了。现有证据并不能提供任何依据来支撑新基因独立出现这一观点，但是，要证明它们不是独立出现的，虽然不是绝无可能，但也是非常困难的。对古人而言，蠕虫和鳝鱼从河泥中生发，昆虫从腐土中产生，并非毫不可信。就在一百年前，人们还认为细菌是从腐物中产生的，并且要证明这种说法是错误的也非常困难。现在要向那些持有基因是独立形成的观点的人证明基因不能独立出现，同样也是困难的。但是，在遇到非做如此假设的情形之前，遗传理论在这个问题上不必过于担心。现在我们看不到在连锁群内或在其两端插入新基因的必要。如果白细胞与构成哺乳动物身体的其他所有细胞一样具备同等数目的基因，如果前者只是一个变形虫一样的细胞，后者则聚合成一个人，那么假设变形虫的基因较少而人体细胞的基因较多，也就没有多少必要了。

基因是有机分子吗？

讨论基因是否属于有机分子这一问题的唯一的实际意义在于，这关系到其稳定性的性质。我们所说的稳定性，可能只是指基因围绕一定的方式变化的倾向，也可能指基因具有像有机分子一样的稳定性。如果后一种解释成立的话，那么遗传问题就简单多了。另一方面，如果我们认为基因只是一定数量的物质，那么我们就不能完美地解答为什么基因经历了异型杂交中的变化还如此恒定，除非我们可以求助于基因之外的某种能够维持恒定的神秘组织力量。目前来看，这一问题还没有解决的希望。几年前，我曾试图计算基因的大小，希望能够以此为突破口，为该问题的解决提供一点机会，但直到现在，仍然缺乏足够精确的测量，最终此类测算充其量也不过是臆想罢了。测算似乎表明基因的大小与大型有机分子大致相近。如果这个结果有一点价值的话，可能就是指出，基因并不太大，以致不能将其当作一个化学分子，我们也只能做出如此推论。基因甚至有可能根本就不是一个分子，而是一群非化学性地结合在一起的有机物质。

即便如此，我们还是很难放弃这一假设，即基因之所以稳定，是因为它代表了一种有机的化学实体。这是目前人们能够做出的最简单的假设，同时，既然这一观点符合关于基因稳定性的现有事实，那么，它至少是一个可以采用的假说。